U0569407

秦汉风骨
园林基调

悦读丛书

江省社科规划一般课题（科普读物）

——25KPDW07YB——

挺有意思的秦汉园林

陈波

著

中国电力出版社

CHINA ELECTRIC POWER PRESS

内容提要

园林，是中国人梦中的桃花源。作为一种文化象征，园林，如同一个中国魔盒，从中源源不断地涌出各种神话和奇观，是对蓬莱仙境与桃花源的幻想，也是对人与自然关系的投射。本书是"陈博士说园林系列丛书"之挺有意思的园林断代史普及读物的第二册，介绍了秦汉时期园林的 30 个知识点，融故事性与趣味性于一体，轻松有趣、通俗易懂、图文并茂。赏尽秦宫汉苑，览遍秦砖汉瓦，本书最终发掘了秦汉时期奠定的古典园林基调。

图书在版编目（CIP）数据

挺有意思的秦汉园林／陈波著 . -- 北京：中国电

力出版社，2025. 5. -- ISBN 978-7-5198-9967-7

Ⅰ. TU-098.42

中国国家版本馆 CIP 数据核字第 2025YH4794 号

出版发行：中国电力出版社

地　　址：北京市东城区北京站西街 19 号（邮政编码 100005）

网　　址：http://www.cepp.sgcc.com.cn

责任编辑：曹　巍（010-63412609）

责任校对：黄　蓓　王小鹏

装帧设计：张俊霞

责任印制：杨晓东

印　　刷：北京瑞禾彩色印刷有限公司

版　　次：2025 年 5 月第一版

印　　次：2025 年 5 月北京第一次印刷

开　　本：710 毫米 ×1000 毫米　16 开本

印　　张：14

字　　数：213 千字

定　　价：78.00 元

自序

作为大学老师，我给大一新生开设过风景园林导论课程，开设这门课的目的是"扫盲"，让风景园林专业的新生对学科和行业有总体性、概括性的认识，从而对学生未来的专业学习起到宏观指导作用。

在第一堂课的开始，我总会让同学们谈谈自己对风景园林的认识。答案基本上千篇一律："栽花的""种树的""搞绿化的"……这让我心里拔凉拔凉的。

对于园林知识，风景园林专业的新生都懵懵懂懂，大众的了解情况就更加不容乐观！

现实问题摆在面前：生活节奏越来越快，我们整日穿梭在水泥森林中，忽视了身边的许多美好——春天的鸟语清风、夏天的蝉鸣荷香、秋天的落叶缤纷、冬天的皑皑白雪……

热爱自然、向往自然，是人类的天性。当前，美丽中国、美好生活已成为人们物质相对丰富之后普遍追求的精神境界。

园林，是现实生活中的桃花源。在园林中，人与自然能够和谐相处。

如果说建筑给了我们遮风挡雨、御寒避暑的港湾，那么园林则赋予我们生活的诗意与静谧。于是，我们都希望，守着一方向往的天地，寄情山水、侍弄花草、观鸟赏鱼，寻得内心的安宁，享受大自然的恩赐，让园林融入生活中。

但是，园林在古代属于统治阶级和富贵阶级的私有财产，而在现代又由于自身发展的原因，急功近利的现象越来越多，流连于登堂入室，陶醉于自我欣赏，越来越"高大上"的专业研究成果让曾经的桃花源离人们的日常生活越来越远。

中国是一个有着五千年文明史的古国，中国园林也有三千年发展历史，并被举世公认为"世界园林之母"。灿烂悠久的园林历史文化让我们感到荣耀的同时，常常又感觉有些虚无缥缈。除了园林史教科书上干巴巴的园林名称和建造朝代，我们又知道多少？和我们今天奔波忙碌的生活又有什么关系？

其实，园林的内涵和外延很宽广，用专业的语言来定义："园林"是在一定的地域，运用工程技术和艺术手段，通过改造地形

（或进一步筑山、叠石、理水）、种植树木花草、营造建筑和布置园路等途径，创作而成的美的自然环境和游憩境域。

可见，园林既是具体的休憩空间与场所，包含亭台楼阁、山石路径和花木溪池，又是抽象的文化精神，表达了人生哲学、诗画意境和环境理想。这些物质文化和精神文化正与我们的生活息息相关。心中怀着园林雅趣，眼前处处皆可化作桃源。

在大力提倡传承发展中华优秀传统文化的今天，作为优秀传统文化代表之一的中国园林，必须打破"养在深闺人未识"的现状，通过广大从业者的不懈努力，拉近和大众之间的距离，并融入人们的日常生活之中，最终实现"让园林文化流行起来，让园林生活成为时尚"的目标。

因此，有了以"园林生活家""陈博士说园林"等为主题的新媒体矩阵，以及相关的系列公益活动、系列科普丛书……

作为"陈博士说园林系列丛书"的第一部，2019年出版的《挺有意思的中国古典园林史》是在出版社编辑老师的鼓励与帮助下开始创作的，第一次写科普读物，我难免有点诚惶诚恐，好在"手中有粮，心中不慌"，下笔很从容，并在较短时间内顺利完成。

《挺有意思的中国古典园林史》是我国第一部关于园林历史普及的著作。该书深入浅出，寓教于乐，在系统梳理中国古典园林发展历程的基础上，介绍了一些重要的著名园林和园林趣事。该书出版后，业内专家与广大读者对它的评价都挺高。

但是，在小成绩面前沾沾自喜、裹足不前，绝不是陈博士的做事风格。

因为我深深知道，中国古典园林几乎涵盖了中华文化的方方面面，是一部全景式的百科全书，博大精深，限于篇幅和体例，该书涉及的仅仅是冰山一角，而且很多内容都是点到即止，还不够全面、深入，因此，我心里总感觉对不起读者朋友们的厚爱，希望能尽快有所弥补。

于是，我下定决心、克服困难，着手创作了先秦至明清等时期的"园林断代史普及读物系列"，包括2024年1月出版的《挺有意思的先秦园林》、这本《挺有意思的秦汉园林》，以及正在筹备之中的后续分册。

大家可以这样理解，《挺有意思的中国古典园林史》属于"一本通"式的基础读物，体系完整且简明扼要，可以作为入门书籍进行泛读；而后续的断代史系列，可以作为进阶书籍进行精读，相信您一定会乐在其中、收获满满。

"园林断代史普及读物"的写作方式，尽可能融故事性与趣味性于一体，轻松有趣、通俗易懂、图文并茂；每册收录的30个知识点，尽可能融全面性与代表性于一体，包罗万象、重点突出；既有对著名园林景观的介绍，也有对相关背景知识的论述；既有对古典园林案例的分析，也有对现代园林设计的借鉴……

为了让这套丛书早日与大家见面，我像打了鸡血，连日奔忙于查阅资料、构思、写作、配图，努力让它以最好的面貌呈现在大家面前。

"诗意的人生，是坚持做自己喜欢的事情。"每天用文字的形式给大家说说园林那些事儿，是我的小确幸！说实话，我尽力了，希望广大读者朋友能体会到我的用心。你们的满意，是我最大的追求；你们的鼓励，是我最大的动力，谢谢！

2025年3月

于杭州浙韵居

前言

我国园林素有"世界园林之母"的美称，说明中国是世界园[林]的发展源头之一，而中国古典园林的奠基时期在秦汉。

秦汉两朝都是大一统的封建帝国，秦汉时期出现了以大规[模]"宫""苑"建筑为特色的皇家园林，它们是从先秦时期的贵族[园]林——"台""囿"发展而来的。秦汉的宫苑融山水、建筑、花[木]于一体，对后世的宫廷造园影响极为深远，因此，秦汉园林在中[国]园林历史长河中具有开拓之功。

秦汉园林的主要特征在于：自然山水与人工山水相结合，园[林]要素中山、水、建筑三位一体模式，以及园林情趣多元化。它奠[定]了中国古典园林的格局与基调，催生了古代文人的审美情绪，山[水]怡情成为文人永恒的向往和追求。

秦汉时期，园林的概念比较模糊，还不包括中国古典园林的[全]部类型，造园活动的主流是皇家园林。私家园林虽然在文献记载[中]也有出现，但数量很少，而且大多数是模仿皇家园林的规模和[内]容，两者之间还没有出现明显的区别。

园林的功能由先秦时期的狩猎、通神、求仙、生产为主，逐[渐]转化为秦汉时期的游憩、观赏为主。但无论是天然山水园还是人工[山]水园，建筑物只是简单地散布、铺陈、罗列在自然环境中。建筑作[为]一个造园要素，与山、水、植物等要素之间似乎并没有密切的有机[联]系。因此，秦汉园林的总体规划还比较粗放，谈不上多少设计经营。

由于原始的自然崇拜、山川崇拜、帝王的封禅活动，再加上[神]仙思想的影响，大自然在人们的心目中始终保持着一种浓重的神[秘]色彩。儒家的"君子比德"说，又使得人们从伦理、功利的角度[去]认识自然之美。对于大自然山水风景，仅仅构建了低层次的自觉[的]审美意识。所以，文学作品中有关自然景物的描写，犹如《诗经》[]和《楚辞》一般，充满了以德喻美的比兴；汉赋尽管气势磅礴，[但]很少表达出作者的主观感情。

园林也存在类似的情况。秦汉时期，离宫别苑的布局往往是[为]了"效法天象""模仿仙境""沟通神明"，有的还兼具皇家庄园和[皇]家猎场的性质。这些宫苑极尽奢华，以规模庞大、气势恢宏见长。

西汉时期，以贵戚、官僚为主体的士族开始形成。这些在[朝]

治、经济、文化上都享有种种特权的士族，逐渐形成封闭、自给自足、自成一体的封建庄园经济。在这些封建庄园中出现了最早的私家园林。汉代私家园林的出现，在中国古典园林史上具有重大意义，由此发展并演绎出后世中国园林的经典与精华。

汉代园林与汉代文人关系紧密。大型园林具有良好的自然生态环境，是皇帝、王侯、文人寄情山水的场所。司马相如的《子虚赋》《上林赋》和扬雄的《甘泉赋》《羽猎赋》都是以帝王宫苑为题材创作的文学作品，在文学史上具有重要的地位，标志着汉赋这一汉代文学形式的确立。

总之，中国古典园林是融山、水、建筑、植物等要素于一体的风景组合，起源于秦汉时期。秦汉时期是一个文化勃兴、活力四射的时代，其园林以规模宏大和笼盖万物为基本的空间原则。秦汉以后，无论是皇家园林的泱泱大观，还是士大夫的"壶中天地"，其形态均以山、水、建筑、植物为基本要素，强调"虽由人作，宛自天开"的艺术境界，追求山林川谷自然形态的真趣。

本书通过梳理秦汉时期古典园林发展脉络，总结了30个园林知识点，讲述了众多园林故事，希望这些知识点和故事能为美好生活新时代追求雅致生活的人们提供一些精神食粮和实践指导，最终实现"让园林文化流行起来，让园林生活成为时尚"的目标。

由于本人学识所限，书中难免有不妥甚至错误之处，恳请业内专家和广大读者批评指正！

最后，特别感谢浙江省社会科学界联合会、浙江省哲学社会科学工作办公室将本书立项为"2025年度浙江省社科联社科普及课题"和"2025年度浙江省哲学社会科学规划一般课题"（25KPDW07YB）；感谢匿名的评审专家们对本书的认可和对我的鼓励；感谢中国电力出版社曹巍编辑对本书编辑出版的支持和付出；感谢所有中国古典园林研究与园林科普工作中志同道合的战友们！感谢"浙江广厦建设职业技术大学科研启动经费资助项目（2023KYQD-CB）"对本书的资助。

2025年3月

于杭州浙韵居

目录

剧透

秦汉园林那些事儿

言归
正传

奠定古典园林的基调

彩蛋　从秦汉风骨到魏晋风流

秦汉园林那些事儿

剧透

一 秦汉园林的时代背景

（一）政治方面

秦汉是中国历史上秦朝和汉朝两个大一统朝代的合称。秦汉时期（前221—220）是中国社会转型期、中国文化整合期，也是中国历史上第一个强盛的时期。

秦汉时期朝代概况

朝代	起讫时间	开国皇帝	都城	现地名
秦	前221—前206年	秦始皇嬴政	咸阳	陕西咸阳
西汉	前202—公元8年	汉高祖刘邦*	长安	陕西西安
新	9—23年	王莽	长安	陕西西安
西汉	23—25年	更始帝刘玄	长安	陕西西安
东汉	25—220年	光武帝刘秀	洛阳	河南洛阳

*：刘邦的庙号是"太祖"（创基立业，故为太祖），谥号是"高皇帝"（功德盛大，故为高皇帝），所以"高祖"并非刘邦的庙号。由于《史记》与《汉书》都多次称呼刘邦为高祖，可见高祖在汉朝时就是人们对刘邦的普遍代称，本书沿用这个称呼。

公元前221年，秦始皇统一六国，建都咸阳，建立了我国历史上第一个多民族统一的中央集权的封建帝国，天下出现了短暂的太平，社会稳定，经济繁荣。

由于秦王嬴政自认为"功盖三皇，德过五帝"，于是改用"皇帝"称号，自封始皇帝，人称秦始皇，传位后的皇帝称二世。

秦王朝地域辽阔，物质财富雄厚。为了统治这个前所未有的封建大帝国，秦始皇在列国政治制度的基础上，对国家进行了许多项改革，包括：确立专制主义中央集权制度，取代了周朝的诸侯分封制；皇帝之下设丞相、太尉和御史大夫，以及分管具体行政事务的中央机构；地方建立郡、县、乡各级行政组织。

他统一了文字，方便官方行文；统一了度量衡，便于工程上的计算；还大力修筑驰道，并连接了战国时赵国、燕国和秦国北部的长城，筑成了西起临洮、东至辽东的万里长城，以抵御北方匈奴、东胡等游牧民族的侵袭。

秦始皇推崇法治，重用法家的李斯作为丞相，并听其意见，下令焚书坑儒，收缴天下兵器，役使七十万人修筑阿房宫以及自己的陵墓，制作兵马俑等。部分史学家对以上事件持怀疑态度，认为由于秦始皇的一系列激进改革得罪了贵族，而且平民无法适应，才在史书上留此一笔。

秦王朝中央集权统治机构的建立，确立了以后历代封建统治机构的基本形式。秦王朝的都城、宫室、林苑、陵墓的建设，就是在这样的强权政治条件下完成的。

秦始皇和秦二世滥用民力，统一全国后仅15年，急政暴虐激化了社会矛盾。公元前209年，陈胜、吴广斩木为兵，揭竿而起，天下响应，刘邦、项羽起兵江淮，共同抗秦。

公元前206年，秦朝灭亡，刘邦被项羽封为汉王。随后刘邦在楚汉之争中战胜项羽，于公元前202年称帝，建立汉朝，初建都洛阳，不久迁都长安（今陕西西安），史称"前汉"或"西汉"。

西汉初年，汉高祖刘邦吸取秦朝二世而亡的教训，推行黄老（黄帝与老子）的"无为而治"政策，让人民休养生息，恢复和发展生产。

经过汉初几代帝王的治理和劳动人民的辛勤耕耘，社会经济很快得到恢复和发展，出现了社会比较安定、经济比较繁荣富庶的局面，史称"文景之治"。

汉武帝统治时期，是西汉的鼎盛时期。汉武帝在位54年，功业甚多。

对内，为加强中央集权，他颁行"推恩令"，又制定"左官律"和"附益法"，大大削弱和打击了诸侯王的割据势力；采用"察举""征召"的办法，不拘一格选拔、录用人才；设立十三州刺史部，加强对郡国的控制；实行尊崇儒术的文化政策，在京师长安兴建太学，又令郡国皆立学官。

对外，他派卫青、霍去病多次出击匈奴，迫使其远徙漠北；命张骞出使西域，沟通西域各族，建立联系；征服闽越、东瓯、南越、卫满朝鲜；经营西南夷，在其地设置郡县。

元始五年（5），汉平帝死后，外戚王莽选立年仅两岁的刘婴为皇太子，自称"假皇帝"摄政。初始元年（8），王莽自立为帝，改国号为"新"，建立新朝。

王莽称帝后进行了多项改革，包括：推行王田制，限制私有土地持有；禁赏奴婢；推广国营事业；改革币制；等等。但政令繁琐，且朝令夕改，改革最终失败，导致新朝急速灭亡。

公元25年，西汉远支皇族刘秀夺取绿林、赤眉起义的胜利果实，建立东汉，定都洛阳。

汉明帝、汉章帝在位期间，东汉王朝进入鼎盛时期，史称"明章之治"。汉章帝后期，外戚日益跋扈。汉和帝继位以后，扫灭外戚，使东汉国力达到极盛，史称为"永元之隆"。

东汉中后期太后称制、外戚干政，幼君多借助宦官之力才能亲政，史称"戚宦之争"，朝政日益腐败，东汉逐渐走向灭亡。

（二）经济方面

秦朝建立之后，在全国推广实行了一系列经济政策：土地私有，按亩纳税；统一度量衡，统一货币；统一车轨，修建驰道；列名户籍，有罪连坐；重农抑商，盐铁国营……这些措施在客观上促进了原七国在实质上的融合和统一。

汉朝建立后，在政治、经济、军事、法律等很多方面都继承了秦朝所创立的制度。

两汉时期，随着经济社会的发展，人口大量增长，城市化程度提高，农业、手工业发展迅速，商业、贸易和中央集权制都得到了前所未有的发展。

这一时期，货币的铸造水平和流通速度都有了显著的提高，从而奠定了稳定的货币体系基础。

张骞开拓的丝绸之路也促进了汉朝和亚欧各国的贸易和贡品往来，许多商品是汉代人们之前闻所未闻的。

特别值得一提的是西汉政治家、经济学家——桑弘羊，他在汉武帝的大力支持下，先后推行算缗（mín）、告缗、盐铁官营、均输、平准、币制改革、酒榷（què，专营）等经济政策，大幅增加了政府的财政收入，为武帝继续推行文治武功事业奠定了雄厚的物质基础。

（三）文化方面

1. 社会思想与宗教

秦汉文化建立在中国初步确定的封建经济政治制度之上，表现出大一统社会蓬勃向上和多民族文化繁荣发展的景象。

汉武帝时期，"罢黜百家，独尊儒术"，确立了儒家思想的正统地位，为维护封建统治制度的稳定做出了巨大贡献。儒家统领文化的格局确立之后，哲学、史学、文学、科技等领域都体现出儒家思想，文化得到巨大发展。

秦汉时期，人们不仅信仰神、相信灵魂的存在，而且受到道家思想、阴阳五行学说和谶（chèn）纬学说等的影响，进一步把神、鬼、仙与人联系起来，从平民百姓到统治阶层，社会生活的方方面面都受其影响。

两汉时期的主要宗教有道教和佛教，都是在东汉时期开始流传的。道教是黄老学说与巫术结合的成果。同时，印度佛教由印度传入中国，经长期传播发展，形成了具有中国民族特色的中国佛教。

2. 文学艺术发展

秦汉时期的文学，以散文、赋和诗歌为主。散文以司马迁的《史记》为代表。赋是两汉时期的一种新的文学体裁，西汉中期以后成为最高统治者歌功颂德的工具，如司马相如的《子虚赋》《上林赋》等。两汉的诗歌以《乐府》和《古诗十九首》为代表。

两汉时期，绘画艺术快速发展。皇室宫苑和贵族、官僚、地主宅第的墙壁、墓壁上，盛行绘画装饰。其中最有代表性的是汉景帝之子鲁恭王在曲阜修建的灵光殿内的巨幅壁画。

秦汉时期，雕塑艺术发展迅速。秦始皇陵的兵马俑坑是一座雕塑艺术的宝库。西汉的石刻中最具代表性的是霍去病墓前的石刻群。东汉时期的雕塑，以甘肃武威雷台的一座墓葬中发现的铜马、铜俑最具代表性。

东汉时期主要用于垒砌墓葬的画像石、画像砖，也是一种很有价值的雕刻艺术。画像多用单线阴刻或阳刻技法，内容有官吏出行、狩猎、战争，还有农业生产、煮盐、锻铁、木工、纺织、宴饮、百戏、烹调等场面，是我国最早的浮雕艺术品。

二　秦汉园林发展简史

（一）发展历程

秦始皇统一六国后，建立了封建集权的统一国家。为体现皇帝的地位与威严、满足个人欲望，秦始皇大兴土木，在都城咸阳、渭河南北营造了规模宏大的皇家园林。

秦始皇扩建了咸阳宫，并在雍门以东、渭河北岸营建了六国宫，在渭河南岸大规模扩建了上林苑，在关中地区还营造了骊山宫、宜春苑、兰池宫等皇家园林。

其中，上林苑内建有著名的"阿房宫"等宫苑，是秦始皇狩猎、游乐的场所；兰池宫是秦始皇为求长生不老，模拟东海三神山而建造的。

西汉初期，因长期战乱，国力贫乏、民不聊生，朝廷实施休养生息政策，原有的秦朝苑囿大多废弃，土地分给百姓耕种。

到了汉武帝时期，经济有了很大发展，西汉国力空前强盛，政治稳定，儒家、道家思想盛行，并成为治国的根本，皇帝本身也喜欢大兴土木、营建宫苑，皇家园林的营造出现高潮。

西汉时期的代表性园林是汉高祖刘邦的长乐宫、未央宫，以及汉武帝刘彻的建章宫、上林苑等。

西汉上林苑是在秦代上林苑基础上扩建而来的，新建了很多宫殿，圈养了珍禽异兽，引种了奇花异草，使它成为当时最大的离宫御苑。

东汉初期，统治者大多反对浮华、奢侈的风气，造园活动始终处于低潮。因此，东汉皇家园林规模小而精致，重视景观效果，主要功能是游览、观赏。

东汉以洛阳为都城，城内建了濯（zhuó）龙园、西园等宫苑，城外有平乐苑、广成苑等皇家园林。

私家园林方面，从秦代至西汉初年，私人造园的并不多见。

汉武帝以后，皇亲国戚、贵族官僚阶层掌握了大量社会财富，往往占有大片的土地，营造华丽的宅邸；或者占据风景秀美的地段，营造用于休闲、游憩、娱乐的别墅园。

这一时期代表性的私家园林是西汉梁孝王刘武的梁园，曲阳王王根的宅邸园林，茂陵富商袁广汉的别墅园，东汉大将军梁冀的园圃、菟园，等等。

风景开发方面，秦始皇统一六国之后的第二年，就下令修筑以咸阳为中心、通往全国各地的"驰道"，这是中国历史上最早的"国道"。驰道的开辟，揭开了名山风景开发的序幕。

伴随着皇帝的巡游与封禅，各地的自然风景也相继得到开发。秦汉时期对于自然风景的开发方式已基本形成，人为活动主要有修筑道路，建筑离宫、台观、神祠、祭坛，立碑刻石等，融人文景观与自然风景于一体，奠定了中国特色名山风景区开发的基本格局。

（二）园林特点

秦汉时期出现了中国园林史上的第一个造园活动高潮，园林渐渐变为专供帝王贵族生活游乐的场所，所建苑园数量达300余处。这一时期的园林，属于帝王的，多称为"宫"和"苑"；属于贵族、富商的，则以"园"来命名。

在宫苑布局上，秦汉宫苑有着两个共同的特征。

一是以统一大帝国政治所强化的多元结构而形成的华夏文化共同体为背景，以先秦思想家所构建的"天人合一"宇宙观为指导，创制出一种规模庞大、含蕴万物，布局上"体象天地""经纬阴阳"的时空艺术，作为统一大帝国与高度集权的大王朝的象征。

二是运用蓬莱神话体系所提供的仙海神山景观，确立了山水系统布局的"一池三山"模式，从而提高了水体在园林营造中的地位，使其成为中国园林四大基本要素之一，这是延续、发展先秦园林而出现的时代特色。

至于贵戚、富商的私园，如梁孝王的梁园与富商袁广汉的北邙山园，都在内容与形式上效法帝王宫苑，只是在规模上不能与帝王宫苑攀比，故尽力模仿自然山水，从而开创了"模山范水"造园手法的先河。就人造山水这种创作而言，基本属于现实主义的创作方法。当时连建造尺度上都力求模仿真山。晋代葛洪总结其造山特征为"起土山以准嵩霍"，嵩山、霍山均为自然名山。秦汉园林虽也出现景题和意境塑造的苗头，但在当时尚未形成完整的概念。

东汉时期，社会思潮纷繁复杂，谶纬、今文经学、古文经学三足鼎立；继而社会批判思潮出现，经学走向衰落，佛教传入，道教兴起。意识形态领域的多元化使得这期间的造园思想丰富多彩，不同的造园阶层也表现出具有鲜明差异的理想与趣味。

在政治、经济等各方面均享有特权的阶层，以帝王、外戚、权宦为代表，总体上倾向于人造山水的园林空间，用铺陈雕琢以表现巧夺天工的趣味。东汉末年，一部分退隐之士倾心"归田园居"，文人造园崛起，与帝王、权宦造园迥异其趣。他们反对人为物役，追求返璞归真，充分利用郊野的山川田园，构筑室庐，栽种竹木，开辟场圃，使得生活境域园林化，表现出浓厚的自然色彩。

大型的宫苑园林与小型的庭园相比，由于空间、环境的不同，因此采取的造园手法及呈现的风格也不尽相同，大体而言，前者多自然意蕴，而后者则多人工智巧，这是东汉造园艺术发展的特征之一。

秦汉主要园林一览表

类型	朝代	名称	地点	建造者
皇家园林	秦朝	上林苑	陕西西安	秦始皇
	秦朝	宜春苑	陕西西安	秦始皇
	秦朝	梁山宫	陕西西安	秦始皇
	秦朝	骊山汤	陕西临潼	秦始皇
	秦朝	兰池宫	陕西咸阳	秦始皇
	秦朝	阿房宫	陕西西安	秦始皇
	秦朝	林光宫	陕西淳化	秦二世
	西汉	南越宫苑	广东广州	南越武王
	西汉	长乐宫	陕西西安	汉高祖
	西汉	未央宫	陕西西安	汉高祖
	西汉	甘泉宫	陕西淳化	汉武帝
	西汉	建章宫	陕西西安	汉武帝
	西汉	上林苑	陕西西安	汉武帝
	西汉	五柞宫	陕西周至	汉武帝
	东汉	濯龙园	河南洛阳	汉明帝
	东汉	平乐苑	河南洛阳	汉明帝
	东汉	广成苑	河南汝州	汉桓帝
	东汉	西园	河南洛阳	汉灵帝
私家园林	西汉	贾太傅宅园	湖南长沙	贾谊
	西汉	梁园（菟园）	河南商丘	刘武
	西汉	王根宅园	陕西西安	王根
	西汉	王商宅园	陕西西安	王商
	西汉	袁广汉宅园	陕西兴平	袁广汉
	东汉	习家池	湖北襄阳	习郁
	东汉	菟园、城西别第、园圃	河南洛阳	梁冀
	东汉	笮家园	江苏苏州	笮融

类型	朝代	名称	地点	建造者
风景名胜	秦朝	琅琊台	山东青岛	秦始皇
	西汉	越王台	广东广州	南越武王
	西汉	武帝台	河北沧州	汉武帝
	东汉	邓尉山	江苏苏州	邓禹
	东汉	严子陵钓台	浙江杭州	严子陵
寺观园林	东汉	白马寺	河南洛阳	汉明帝
	东汉	大法王寺	河南登封	汉明帝
	东汉	蟾虎寺	河南驻马店	智渊大师
	东汉	法门寺	陕西宝鸡	汉明帝

　　中国历史经过夏、商、西周，以及春秋战国漫长的进步历程，进入到秦汉时期。从公元前221年秦始皇统一六国至220年曹丕代汉，是秦王朝和汉王朝统治的历史阶段。秦、汉往往连起来说，与"汉承秦制"有关，汉是秦的延续。

　　在秦汉441年的历史阶段内，中国文明的构成形式和创造内容都发生了重要的变化。

　　秦朝结束了自春秋战国以来五百多年诸侯分裂割据的局面，成为中国历史上第一个中央集权制国家。它奠定了中国辽阔疆域的基础，使中华民族的崇高声誉早在两千多年前就远播海外。秦朝的政治、经济制度，对此后中国两千多年的封建社会产生了深远的影响。

正传 言归

奠定古典园林的基调

汉朝是中国历史上的第一个黄金时期，在政治、经济、军事、文化等方面，对中华民族都产生了深远的影响。这一时期形成的汉族、汉语、汉字、汉服等，奠定了中国文化的基本格局。

鲁迅先生提出秦汉时代精神的"豁达闳大之风""气魄深沈雄大"，既可以看作对秦汉时期社会文化风格的总结，也可以看作对当时中华民族性格与民族精神的表述。而进取意识、务实态度、开放胸怀，也是这一时期社会文化的基本风格。

从秦始皇统一中国到汉武帝独尊儒术，秦汉时期封建体制、儒家思想体系的确立和审美的初步发展，为中国古典园林的产生、发展和风格形成奠定了基调。

第一篇

名人与园林

第一讲 阿房宫：
历史上规模最大的宫殿

千古一帝：秦始皇

清·袁江《阿房宫图》

一、秦始皇的"天下第一宫"

阿房宫在历史上赫赫有名，被誉为"天下第一宫"，它与万里长城、秦始皇陵、秦直道并称为"秦始皇的四大工程"。这四大工程是中国首次统一的标志性建筑，也是华夏民族开始形成的实物标识。

秦始皇统一天下之后，开始采用车同轨、书同文、统一度量衡等多种治理国家的手段。同时，在北部边境演练卫戍部队，防止匈奴南下；在南部边境开凿水道，向百越地区用兵。

据《史记·秦始皇本纪》记载，统一全国后，秦始皇仍然居住在咸阳宫中，既没有搬迁到其他宫殿的打算，也没有修建新的宫殿的想法。他尽心修缮咸阳宫，以打造大国皇宫的煌煌气象。但是，随着咸阳人口急剧增加，秦都城所在的渭河北部地区人满为患，但受到周边水系分布的影响，咸阳已经不能再扩大了。因此，在秦始皇三十五年（前212），也就是天下统一后的第九年，秦始皇下诏在龙首原西部的上林苑中修建新的宫殿群，作为未来秦朝万世永驻的新政治中心。❶首先建造的，就是阿房宫。

关于"阿房"的读法，传统上认为是"ē páng"，但有争议。

其实，后世所传的阿房宫，仅仅是新宫殿群中前殿（也叫朝宫）的名字，秦始皇本打算在整座宫殿建成之后"更择名命名之"。前殿也是整个新宫殿群建设进度最快的部分。但由于宫殿规模实在太大，虽然每天都有十几万苦役参加营建工作，但一直到秦朝灭亡时，此宫仍然没有竣工。因此，人们就称它为阿房宫。

这座宫殿为何名叫"阿房"，历代记载分歧，说法不一。

相传，秦王嬴政在邯郸城作为质子时爱上了一个邯郸女子，名阿房，他统一天下后想立她为后，却遭到众大臣反对，只因她是赵女。阿房为了不让嬴政为难，上吊自杀。秦始皇为了纪念这位他深爱过的女子，因而起名"阿房宫"。

也有人认为，"阿房"一名是由于宫址靠近咸阳而得名的。"阿，近也，以其去咸阳近，且号阿房。"

《史记》的解释是，"阿房"一名是根据此宫

---

❶ 原文为："始皇以为咸阳人多，先王之宫廷小。吾闻：周文王都丰，武王都镐。丰、镐之间，帝王之都也。乃营作朝宫上林苑中。"

"四阿旁广"的形状来命名的。阿，在古意中亦可解释为曲处、曲隅、庭之曲等。阿房宫"盘结旋绕、廊腰缦回、屈曲簇拥"的建筑结构就体现了这种"四阿旁广"的风格和特点。正是由于阿房宫的这种建筑风格，在《史记·秦始皇本纪》索引中解释此宫为何称"阿房宫"时说："此以其形命宫也，言其宫四阿旁广也。"

《汉书》的观点是，之所以被称为阿房宫，是因为上宫宫殿高峻，若于阿上为房。《汉书·贾山传》中的注释曰："阿者，大陵也，取名阿房，是言其高若干阿上为房。"这就是说，阿房宫是由于宫殿建筑在大陵上而得名的。从考古发掘角度来看，阿房宫就建在高峻的台基之上，正如《汉书》所言。

秦始皇三十七年（前210）七月，秦始皇在东巡途中驾崩，九月葬于骊山。秦始皇去世时，阿房宫尚未修成，秦二世胡亥将所有劳动力都调往骊山修建秦始皇陵，阿房宫工程被迫停了下来。

秦二世元年（前209）四月，秦始皇陵主体工程基本完工，而此时的阿房宫工程已停工7个月了。为实现先帝的遗愿，秦二世从陵墓工程中调出部分人力继续修筑阿房宫。

秦二世元年（前209）七月，陈胜、吴广起义爆发，秦帝国危在旦夕。在当时天下赋税繁重、民不聊生和战事危急的状态下，阿房宫工程即使不停工，也不可能按部就班地施工下去了。

秦二世三年（前207）八月，丞相赵高作乱，劫持二世于望夷宫，逼迫二世自杀。二世死后，阿房宫最终完全停工。

阿房宫虽然没有完全建成，但其部分附属建筑"阿城"等仍然存留了很长时间。

据史书记载，汉武帝建元三年（前138），"阿城"还属于上林苑的一部分。魏晋时期，阿城因临近长安，成为屯兵的地方。隋末，唐太宗李世民入关，也曾经屯兵阿城。大约到了宋代，阿城被毁。

秦阿房宫不仅是秦代建筑中最宏伟壮丽的宫殿群，是中国古代宫殿建筑的代表作，更记载着中华民族由分散走向统一的历史，承载着华夏文明的辉煌记忆。"阿房宫遗址"于1956年被陕西省列为省级文物保护单位；1961年，由国务院公布为第一批全国重点文物保护单位；1992年，由联合国教科文组织确定为世界上最大的宫殿基址，属于世界奇迹，成为名副其实的"天下第一宫"！

二、阿房宫的规模与布局

关于阿房宫的范围，唐代杜牧的《阿房宫赋》里有"覆压三百余里，隔离天日"的说法，这显然是杜大诗人的浮夸之词。但古代地理书籍《三辅黄图》里也称其"规恢三百余里"，这应该是泛指关中的全体秦朝宫殿而言。

仅现在能够挖掘出的前殿基址，就已经让人瞠目结舌。阿房宫前殿基址东西长1270米，南北宽426米，面积约54.4万平方米，比天安门广场还要大10万平方米。

1994年11月1日至12月25日，西安市文物局文物处、西安市文物保护考古所进行了为期55天的考古调查。根据西安市文物局文物处、西安市文物保护考古所发布的《秦阿房宫遗址考古调查报告》，我们可以对阿房宫的布局做一下简要的介绍。

阿房宫遗址位于西安市以西13千米的古洦河西岸，西到古滈池，南接西周都城丰镐故址，与秦都城咸阳隔岸相望。在大约14平方千米的范围内，到处可以见到秦汉瓦片，秦汉建筑遗址相当密集。

从考古调查所得出的结果来看，阿房宫大致可以划分为七个区，而每一区域并不是独立存在的，而是相互联系的。只是由于考古钻探范围的局限，人为地将其划分为七个区。

第一区有三处建筑遗址：传说中被称为"秦始皇望想台"的"上天台"遗址、被小学操场所压的一座大型院落宫殿建筑群和阿房村西南的一座独院建筑遗址。

第二区主要是前殿遗址分布区。前殿是阿房宫主体宫殿，也叫朝宫，是阿房宫建筑群中规模最大、建造时间最早的宫殿。《史记·秦始皇本纪》中说它"东西五百步，南北五十丈，上可坐万人，下可以建五丈旗"，它是目前所知的我国古代最大的夯土建筑台基。台基为夯筑而成，自北向南呈缓坡状。

第三区主要分布了一条南北向的长廊式的曲折阁道、由四块大小不一的夯基组成的一组建筑群和夯基中有一层砖的一组建筑基址。

第四区发现了一组单体建筑群。

第五区是阿房宫北阙的"磁石门"遗址。

第六区发现了一组夯土基址群。

第七区分布有烽火台建筑遗址和其他一些夯基遗址。

另外，2002年至2004年对阿房宫进行的一次考古调查结果显示，在阿房宫前殿遗址西1150米处，有一座较大的建筑遗址，编号为上林苑一号遗址，面积达11250平方米。至于它和阿房宫有什么关系，有待进一步考证。

三、《阿房宫赋》的隐喻

相传，阿房宫规模空前，气势宏伟，离宫别馆遍布山岗，跨越山谷，其间辇道相通，景色蔚为壮观。宫内有殿堂700多所，一天之中，各殿的气候都不尽相同。秦始皇巡游各宫室，一天住一处，直到驾崩也没把宫室住遍。

后人这种离奇的想象基本来自唐代诗人杜牧的《阿房宫赋》："（它）覆盖了三百多里地，几乎遮蔽了天日。从骊山的北面建起，曲折地向西延伸，一直通到咸阳。渭水和樊川，浩浩荡荡地流进宫墙。五步一座高楼，十步一座亭阁；长廊如带，迂回曲折，屋檐高挑，像鸟喙一样在半空飞啄。这些亭台楼阁，各自凭借不同的地势，参差环抱，飞翘斗角中许多木头集聚一团、精巧严整。（宫殿建筑群）盘结交错，曲折回环，像蜂房那样密集，如水涡那样套连，巍峨矗立，不知道它们有几千万座。"❶

《阿房宫赋》结构严谨，全篇分为两个部分。

前半部分用铺陈夸张的手法，描写秦始皇的荒淫奢侈：第一段写阿房宫工程浩大，宏伟壮丽；第二段写宫廷生活的奢靡、腐朽。这两段由外到内，由楼阁建筑到人物活动，条理井然。

❶ 原文为："覆压三百余里，隔离天日。骊山北构而西折，直走咸阳。二川溶溶，流入宫墙。五步一楼，十步一阁；廊腰缦回，檐牙高啄；各抱地势，钩心斗角。盘盘焉，囷（qūn）囷焉，蜂房水涡，矗不知其几千万落。"

后半部分由描写转为带有抒情色彩的议论：第三段写秦的横征暴敛导致了农民起义，推翻其统治；第四段意在总结秦亡的历史教训，指出"后人"（指唐代统治者）如不知借鉴，必将重蹈覆辙。这两段议论由古及今，层次分明。

全文通过总结秦王朝灭亡的历史教训，指出统治者荒淫无道就会自取灭亡，导致农民起义、宫殿被焚的下场。作者借秦王朝灭亡的教训，讽谏当时的统治者，表达了作者对皇帝的期盼，希望他能够励精图治，不要重蹈覆辙。

可见，《阿房宫赋》写的不仅是阿房宫，更是杜牧忧国伤时的情怀和炽热的爱国主义精神。阿房宫只是杜牧精心构建的一个载体，它犹如诗歌的意象一样，起到了充分表情达意的作用。

杜牧所处的时代，正是唐帝国大厦将倾的前夕。统治者面临内外交困的局面，不仅不思励精图治、富民强兵之策，反而沉迷声色、荒淫无度，这一点在当朝皇帝唐敬宗身上表现得尤为明显。

面对这一切，杜牧忧心忡忡，他希望唤醒统治者，于是便把焦点对准了阿房宫——这个秦王朝历史悲剧的缩影。

为了达到拯救唐王朝的目的，让统治者体会到他的良苦用心，杜牧竭力铺陈宫殿耗费之巨大、规模之壮观、构造之精巧、布局之繁复、陈设之华美。而在这亘古未有的辉煌背后，却涌动着一股亡秦的潜流，最终"陈胜吴广揭竿而起，刘邦攻破函谷关；项羽放了一把大火，可惜那豪华的宫殿就变成了一片焦土！"❶

对此，杜牧发出了振聋发聩的呐喊："唉！灭六国的是六国自己，不是秦国；灭秦朝的是秦朝皇帝自己，不是天下的人民。"❷这个结论多么深刻！

作为中国历史上第一个统一的封建王朝，秦朝只有15年的短暂寿命。腐败的规模固然空前，火亡的速度也令人瞠目结舌。原因何在？

阿房宫堪称秦王朝的一面镜子。秦朝是如何将民脂民膏、百姓血肉任意榨取、吞噬并挥霍于遮天蔽日的宫阙之中的？窥一斑而见全豹。

---

❶ 原文为："戍卒叫，函谷举，楚人一炬，可怜焦土！"

❷ 原文为："呜呼！灭六国者六国也，非秦也。族秦者秦也，非天下也。"

第二讲 秦代驰道：
历史上最早的国道

秦始皇东巡雕塑

西安秦始皇陵铜车马2号车

一、秦始皇的"轨道"网

说起轨道，可能人们最先想到的就是火车轨道。确实，从全世界范围来看，轨道的大规模铺设就是从火车出现后开始的。但是在中国，其实早在两千年前就开始建轨道了，而轨道的源头就是秦朝的驰道。

秦始皇在统一六国的第二年（前220），就下令修筑以咸阳为中心、通往全国各地的驰道。[1]

统一大业完成后，为了宣扬威德、考察政务，也为了求神问仙、祭祀天地，秦始皇先后五次巡视全国。

有了驰道，交通非常方便，他的足迹所至，北到今天的秦皇岛，南到江浙、湖北、湖南地区，东到山东沿海，并在多座山上留下刻石，以表彰自己的功德。

此外，他还依照古代帝王的惯例，在泰山祭告天地，以表示受命于天，美其名曰"封禅"。

公元前210年，秦始皇最后一次巡游，南下云梦（今湖北孝感属地），沿长江东至会稽（今浙江绍兴），又沿海北上至山东莱州，在西返咸阳途中于沙丘（今河北邢台附近）病逝。

《汉书·贾山传》中说："天子巡游天下的驰道东至今天的北京、山东地区，南到浙江、江苏、湖南、江西一带。凡是自然风光优美的江河湖海，都要修到。驰道宽约七十米，每七米左右栽一棵松树。道路两边筑起小矮墙，用铁锤夯筑结实。"[2]而路的中央，则是专供皇帝出巡车行的部分。

驰道是皇帝的专用车道，大臣、百姓，甚至皇亲国戚都是没有权利走的。可见，驰道是中国历史上最早的正式的"国道"。

著名的驰道有9条：①出高陵通上郡（陕北）的上郡道；②过黄河通山西的临晋道；③出函谷关，通河南、河北、山东的东方道；④出商洛通东南的武关道；⑤出秦岭通四川的栈道；⑥出陇县通宁夏、甘肃的西方道；⑦出淳化通包头的直

---

[1] 据《史记·秦始皇本纪》记载："二十七年，始皇巡陇西、北地，出鸡头山，过回中。焉作信宫渭南，已更命信宫为极庙，象天极。自极庙道通郦山（即骊山），作甘泉前殿。筑甬道，自咸阳属之。是岁，赐爵一级。治驰道。"

[2] 原文为："秦为驰道于天下，东穷燕齐，南极吴楚，江湖之上，滨海之观毕至。道广五十步，三丈而树。厚筑其外，隐以金椎，树以青松。"

道；⑧出包头通河北碣石的北方道；⑨从南京到秦皇岛的滨海道。

驰道的修建，是秦朝时期规模宏大的筑路工程，对于推动陆路交通的发展，促进经济文化的交流，具有重大意义。

二、驰道的结构与建造技术

陆路交通的主要工具是各种车辆。秦时规定"车同轨"，"轨"指的究竟是什么呢？以前的书籍往往告诉我们，这是指马车车轮之间的距离。"车同轨"表示统一全天下车轮的标准；也就是说，每辆车的两轮轴间距离相等。

但是在2007年，河南南阳伏牛山的一次考古改变了人们的认识。

在伏牛山里，发现了一条长三公里的古代"有轨道路"遗迹。经专家鉴定，是2200多年前秦帝国的遗存。它的建造技术是：厚筑路基，基上铺枕木，枕木上加轨道，车沿轨道奔驰。这和现代铁轨的铺设原理一样，只不过车子的牵引力是"马力"而不是"蒸汽"或"电力"。这是秦朝很先进的"黑科技"。

这也表明，两千多年前在中国历史上曾经赫赫有名的秦驰道，并不是常人想象中的平整的马路，而是通行马车的有轨道路。

驰道上铺设轨道的木材质地坚硬，经过防腐处理，至今还是完好的。不过枕木已经腐朽不堪，显然没有经过防腐处理，材质也不如轨道坚硬，但还是可以看出其大致模样来。

路基夯筑得非常结实，枕木就铺设在路基上。专家认为，枕木的材质比较软，既可以减少工程量，还可以和夯筑得非常坚硬的路基紧密结合，起到减震的作用，从而使轨道平稳。

如今凡是在铁路的枕木上走过的人都明白：两根枕木之间的距离和人们的步子很不合适，一次跨一根显得步子太小，跨两根又太大，在枕木上走路既缓慢又很不舒适。

但是经过测量，人们惊奇地发现，秦始皇下令修建的驰道，枕木之间的距离竟然正好和马的步子合拍。马匹一旦拉车到驰道上，就会不由自主地发生"自激振荡"，飞快奔跑，几乎无法停下来。

那么，最后是怎么停下来的呢？

专家们的推测是：一定还有专门的车站，那里的枕木之间有木材填充平整。马在这儿被喂得饱饱的，休息好后，一旦需要，套上车就能飞驰，马不停蹄。到了下一座车站，由于枕木之间已经填充平整，因此马可以逐渐减慢速度并停下来。换上另一匹吃饱、休息好的马，继续飞驰前进。这样就可以达到很快的速度。

由于使用驰道，摩擦力大大减小，所以马也可以一次拉很多货物。无怪乎秦始皇可以不用分封就能有效地管理庞大的帝国，并且经常开展动辄几十万人的大规模行动。

以前一般认为，秦始皇修建的驰道是"马路"，现在看来应该是"轨道"，由于马匹在上面飞驰，故称之为"驰道"。据记载，秦始皇在统一六国后在全国建设驰道，依此看，他竟然在2200多年以前就已经在全国修建了一个"高铁网"。

三、驰道与山水风景开发

秦驰道的修建揭开了山水风景开发的序幕。全国统一后，人们的视野开始拓宽，游览山水已不像先秦时期那样，仅仅局限于城市郊区，山水风景开发西达甘肃、新疆，南至湖南，北达朔方（今内蒙古河套地区），东至沿海，其中开发最多的当数中原、关中及东南沿海地区。

秦汉时期，对于自然风景的开发方式已基本形成，人为的活动主要有修筑道路，建造离宫、台观、神祠、祭坛，立碑刻石，等等。它们融人文景观与自然风景于一体，奠定了中国特色的山水风景区开发的基本格局。

离宫是秦始皇巡游的内容之一，秦始皇在驰道沿途建离宫别馆供其居住。有史料记载并已得到考古证实的有好多处，比较著名的如山东青岛的琅琊台、河北昌黎的碣石宫。

秦代以前，诸侯贵族游山已出现了题刻的倾向；到秦始皇时期，题刻则成为巡游山水所必备的环节。题刻是当时开发自然风景的一种标志，不仅记载了当时的游览活动，而且大大丰富了自然景观的内涵。

秦刻石就是秦始皇出巡各地时，群臣为其歌功颂德、昭示万代而所刻之石。秦刻石若是排除掉历史和文献等方面的价值，其实与后人"到此一游"之类的涂鸦没有本质上的区别。

可是，与我们今天坐上高铁、飞机就可以到处旅游相比，秦始皇以及他儿子胡亥能够出巡天下，并在各大著名景点留下"到此一游"印记的背后，却得依靠秦国历代君主，尤其是始皇帝嬴政执政以来数十年几乎全部的文治武功，才能得以实现。

如果没有秦灭六国实现统一，秦始皇出巡的范围怎么可能西到陇西、南至江陵（今湖北荆州）、东达东海、东南到达会稽、东北到达碣石？

如果秦没有实现"车同轨"并大修驰道，秦始皇怎么可能在短短的10年内5次出巡，还几乎到达国之四境？

如果秦没有北击匈奴、南征百越，并修筑长城安定天下，秦始皇怎么敢长期远离权力的中枢，满天下地乱跑？

如果秦没有实现"书同文"，我们在今天的秦刻石残片以及拓本中，怎么会看到上承东周时期秦国器铭与刻石文字，下接关东诸国书风而成的优美秦篆？

因此，与长城、秦皇陵以及阿房宫等"秦皇宝藏"相比，似乎不怎么起眼的秦刻石，其实也可看作秦朝文明与功绩的集大成者。

那么，让我们看看秦刻石——秦始皇版的"到此一游"都有哪些。

秦始皇巡行天下，每到高山名胜之地，都要立石自颂功德，以求天上神仙得知，同时流芳千古。史书上记载的秦刻石共有7块，也叫"秦七刻石"，后来秦二世胡亥也曾出巡过一次，并下了一纸诏书，刻在他老爸的功德碑上。

（一）峄山刻石

峄（yì）山，又名邹峄山、邹山、东山，位于山东省济宁市邹城市东南10千米处。峄山虽然不高，但却集泰山之雄、黄山之奇、华山之险于一身，形成了独具一格的自然之秀美，早在秦汉时期就著称于世。刻石原在峄山书门，毁于南北朝时期，现有宋代摹刻碑存于西安碑林，元代摹刻碑存于邹城博物馆。

（二）泰山刻石

泰山，又名岱山、岱宗、岱岳、东岳、泰岳，有"五岳之首""天下第一山"之称，位于山东省泰安市。泰山相伴上下五千年的华夏文明传承历史，集国家兴盛、民族存亡的象征于一身，被古人视为"直通帝座"的天堂，成为百姓崇拜、帝王告祭的神山，有"泰山安，四海皆安"的说法。刻石原立于泰山山顶，残石现存于泰山岱庙东御座院内。

（三）琅琊刻石

琅琊台，位于山东省青岛市黄岛区琅琊镇琅琊山上，三面濒海，一面接陆，山形如台。秦统一六国后，始皇南登琅琊，并奴役劳工三万户重建琅琊台。此后，琅琊台这一名称便名垂青史。原刻石已毁，残石现藏于中国国家博物馆。

（四）之罘刻石

之罘（fú）山，今称芝罘岛，在今山东省烟台市西北，是一座半岛，山岭伸入海中，因形状犹如灵芝而得名。秦始皇东巡时，曾先后三次登上之罘山，刻石纪功。第三次还在这里射杀大鱼，现仍留存"射鱼台"遗址。原刻石早已失踪，至今下落不明。

（五）东观刻石

关于东观刻石的立石地点，历来众说纷纭。多数学者认为，东观刻石与之罘刻石共同立于之罘山上。

（六）碣石刻石

碣石山，位于河北省秦皇岛市昌黎县，秦始皇曾东巡至此并派人入海求仙，曹操曾在此留下诗篇《观沧海》。原刻石也已不存。

公元前215年，秦始皇东巡至此，派人入海求仙，刻《碣石门辞》，由此诞生了我国唯一一座用皇帝尊号命名的城市——秦皇岛。

两千多年的岁月长河，在秦皇岛留下了夷齐让国、秦皇求仙、姜女寻夫、汉武巡幸、魏武挥鞭、唐宗驻跸等众多历史典故，境内有秦行宫遗址、秦皇求仙入海处、天下第一关、老龙头、孟姜女庙、韩文公祠、名人别墅群等众多人文遗迹。

（七）会稽刻石

会稽山，原称茅山、亩山，位于浙江省绍兴市区东南部，在古籍《淮南子》中位列中华九大名山之首、五大镇山之一，文化底蕴深厚，是中国上古时代治水英雄大禹娶妻、封禅，以及秦始皇祭奠大禹的地方。原刻石已遗失，现有清代刘征复刻碑存于大禹陵碑廊。

第三讲 上林苑：
史上最大的皇家园林

雄才大略：汉武帝

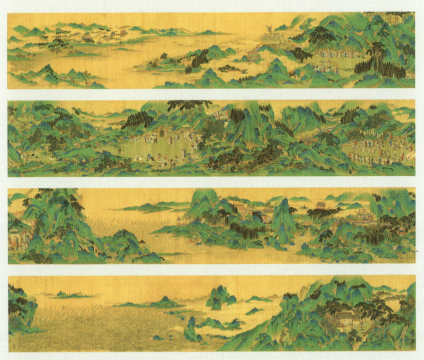

明·仇英《上林图》

一、秦汉帝王与上林苑

从秦至汉，上林苑一直是皇家最重要的园林，帝王们在此营建宫殿，打猎嬉戏。经历了秦汉两朝与多位帝王，上林苑不断修建与扩张，是帝国国力提升的体现。

据学者考证，上林苑最晚出现在战国时期。公元前350年，秦孝公采纳商鞅的建议，自栎阳（今西安市阎良区境内）迁都咸阳。定都咸阳后，在渭河北岸兴建都城，在渭河南岸周代园林——灵囿、灵沼、灵台和镐池的基础上，规划并营建秦代园林，这就是最早的上林苑。

秦孝公之子秦惠文王即位后，进一步建设以咸阳为中心的宫苑。在渭河南岸，开始建造阿房宫，但宫殿还未建成就驾崩了。秦惠文王之子秦昭襄王时期，在上林苑建造了长杨宫。

秦始皇统一六国后，国力强大，为了满足自己的欲望与歌颂自己的丰功伟绩，秦始皇在全国各地大兴土木，建造宫殿，上林苑也在这一时期加以扩张与营造，并在苑中重新建造阿房宫。

此时的上林苑已经具有不小的规模，《史记·李斯列传》中提到："秦二世到上林苑中去斋戒。他整天在上林苑中游玩射猎，一次有个行人走进苑中，二世亲手把他射死了。"❶，可见，此时的上林苑除了有阿房宫这样的宫殿建筑，也具有游猎功能。

汉代建立伊始，社会经济萧条。汉初"文景之治"时期，统治者相对勤俭，对于上林苑的开发较小。一直到年轻的汉武帝刘彻即位，上林苑重新成为帝王的游乐场。

汉武帝天性尚武，而且年轻气盛，在即位之初，一直被窦太后压制，无处施展自己的抱负，只得寄情于山水游猎之中。

据《汉书》记载，建元三年（前138），汉武帝开始微服出行，在上林苑中游玩，北至池阳宫，西至黄山宫，南到长杨宫，东到宜春宫。武帝伪装自己的身份，自称平阳侯，常常外出几日而不回宫，还在上林苑中营建了供自己居住与更衣的行宫十二处。除此之外，汉武帝也扩大了上林苑的范围，将阿房宫到终南山的广大地界都收

---

❶ 原文为："于是乃入上林斋戒。日游弋猎，有行人入上林中，二世自射杀之。"

为自己的游乐场所。

由于之前文、景二帝较少去上林苑，所以有许多农民自发在上林苑中开垦土地，种植农作物。武帝每次到来，要么纵马射猎，要么徒手斗熊，在庄稼地里奔驰，踩踏农作物，使得当地农民很不满。

在武帝企图占据农田扩大上林苑时，东方朔曾有过谏言。他先描述了黎民百姓生活的艰辛，而后列举了历史上的两位暴君——楚灵王建章华台和秦始皇建阿房宫的典故，认为大肆扩张园林会导致天下大乱。武帝看到奏章后，不仅没有生气，还提拔了东方朔，但却没有采纳他的建议，仍然扩建了上林苑。

武帝之后的昭、宣二帝，仍然时常来到上林苑中游玩。而到了汉朝后期，由于地方豪强势力崛起、经济崩溃、统治阶级内部腐化等问题，国家没有资金用于维护上林苑。王莽篡位后，各地起义风起云涌，上林苑遭受战火破坏。在东汉班固的《西都赋》中，上林苑已经成为"徒观迹于旧墟，闻之乎故老"的废墟，往日的辉煌烟消云散。

二、上林苑的规模与功能

上林苑是中国历史上最负盛名的苑囿之一，具有秦汉帝国豪迈而辽阔的气质，上林苑的特点是规模大、地域广与功能多。

上林苑由汉武帝刘彻于建元三年（前138）在秦代的一个旧苑址基础上扩建而成，宫室众多，规模宏伟，据史载纵横340平方千米，具备游憩、居住、宗教、生产、军训、休闲、狩猎等多种功能。

在中国历史上，没有任何一个园林能在规模上和实质内容上超过上林苑。上林苑之大，大到里面应有尽有，山脉巍峨，树木高大，池水宽阔，宫殿雄伟，气象壮阔。当时的文人墨客，无论司马相如、扬雄，还是班固、张衡都曾对其壮观发出感叹。

以现今的计量单位来计算，上林苑的规模，东起蓝田焦岱镇，西到周至东南19千米的五柞宫遗址，横跨长安、鄠（hù）邑、咸阳、蓝田、周至，直线距离长约100千米；南起五柞宫，北到兴平境内的黄山宫，直线距离长约25千米；总面积约2500平方千米。减去约40平方千米的汉长安城面积之后，上林苑的实际面积约为2460平方千米。因此，可以说上林苑是历史上最大的皇家园林。

上林苑南靠终南山北麓。自古以来，终南山就具有重要的地位，是当时国家的天然屏障，这里山峰高耸，重岩叠嶂，树木茂盛。多样的环境使得上林苑成为国家动植物园。张骞出使西域，带回来各种奇异的动物和植物，都安置在上林苑中。

这样的地方，自然是帝王们最爱的游乐之地。在这里，皇帝广建宫苑。据记载，上林苑中有36座苑、12座宫和35座观。这些宫观一般都不是单体建筑，而是由许多屋宇组成的宏伟壮丽的建筑群，本身就是很美丽的景点，而且根据这些宫观的名称，也可以大致了解它们的特定赏景功能，有的是为了观赏山水，有的是为了观赏珍禽异兽、奇花异草。

例如，36座苑中有供游憩的宜春苑，供嫔妃居住的御宿苑，为太子招募宾客的思贤苑、博望苑等。宫观建筑中，有演奏音乐和唱曲的宣曲宫；观看赛狗、赛马和观赏鱼鸟的犬台宫、走狗观、走马观、鱼鸟观；饲养和观赏大象、白鹿的观象观、白鹿观；引种西域葡萄的葡萄宫，种植南方奇花异木如菖蒲、山姜、桂、龙眼、荔枝、槟榔、橄榄、柑桔之类的扶荔宫；观看摔跤表演的平乐观；养蚕的茧观；还有建章宫、承光宫、储元宫、阳禄观、阳德观、鼎郊观、三爵观等。

上林苑的自然环境优越，不仅天然植被丰富，初建时群臣还从四方进献名果异树2000多种。此外，还饲养了几十种奇珍异兽。

上林苑内有渭、泾（jīng）、沣、涝、潏（yù）、滈（hào）、浐、灞八条天然河流，称为"关中八水"，八水绕长安，保证了关中平原的富庶。

除了自然河流，上林苑中还有许多人工池沼，史书中记载的有昆明池、镐（hào）池、祀池、麋池、牛首池、蒯（kuǎi）池、积草池、东陂池、当路池、太液池、郎池等，并修建了高台和岛屿，供帝王游玩。

其中，昆明池是中国古代最大的人工湖，据记载，汉朝时的昆明池周长20千米，面积达22平方千米，可谓浩渺。昆明池四周宫观环绕，又造了10多丈高的楼船，上面插满旗帜，十分壮观。据说，汉武帝修建昆明池是为了练习江河海战，他曾在池上检阅过水军。其实，昆明池的作用不止于此，它的建成，保证了上林苑的供水，调节了关中地区的漕运，甚至还承担了水产养殖的功用。

上林苑在周代至秦代便是天子的封邑，这里除了游玩的功用外，其实也承担着农业生产、军事训练等职能。汉代地主田庄经济发达，地方豪强拥有田庄，集生产、保卫、管理功能于一体。上林苑管理直属于少府，换个角度说，是天子私人的皇家田庄。

西汉文学家司马相如在《上林赋》中，热情赞颂了上林苑中优美的自然景色和豪华精美的宫室建筑：从地貌上说，苑内地势平坦，河湖港汊交错纵横，更有群山矗立，巍峨壮观，形成了自然山水之胜；在植物方面，既有高耸入云、胸径巨大的树木和森林，也有枝条飘逸、落英缤纷的珍奇花木，以及广大原野上蔓生的奇花异草；在动物方面，既有各种水禽成群相聚在河湖川泽，又有各种野兽繁衍滋生在浓密的大森林中。

后来由于国力衰弱，上林苑中部分用地被划归平民所有，加上历经拆毁和战火，最终成为一片废墟。

自战国至西汉，上林苑在中国历史上存在了350多年。

三、汉武帝在上林苑的轶事

千古长安千古事。终南山北麓、渭水之滨的上林苑，如今早已没有了踪影。但是，里面的众多奇闻轶事仍在历史的风烟中肆意萦回。

相传，汉武帝经常到终南山下狩猎，狩猎队伍践踏了百姓的大片庄稼，农民们谩骂声不断，终于惊动了当地的县令。县令确实是一位"敢把皇帝拉下马"的人物。

有一天，正当汉武帝一行人骑马狩猎的时候，县令拦住了他们的去路，并将他们全部扣留。这时，汉武帝的随从告诉县令，这位正是当今圣上，希望他能网开一面。县令不信，坚持不放行。随从没有办法，只好拿出了汉武帝的御用之物，县令才放他们离去。

后来，汉武帝为了方便游玩打猎，就派官员在秦朝的一处旧苑址上扩建上林苑，强令农民迁徙，侵夺了农民的土地宅院。东方朔为民请命，他对汉武帝说："终南山物产丰富，关中田地土壤肥沃，给老百姓提供了穿衣吃饭的生活保障。如果把这些良田没收去建上林苑，就会减少国家收入，破坏农业生产。"但是，汉武帝并没有采纳东方朔的意见，仍然扩建了上林苑。

有一天，东方朔陪汉武帝游上林苑。汉武帝见到一棵树，连称好树，问东方朔叫什么树。东方朔也不认识，便按"好"的意思，编了个名字，说："这树名叫'善哉'。"武帝不相信，私下里找人辨认这是什么树，便暂时把这件事放下了。

过了几年，武帝又问起东方朔这树的名字，东方朔也早打听清楚了，便回答说："叫'瞿所'。"武帝说："你这个东方朔，原来告诉我叫'善哉'，骗了我好几年。你说，是怎么回事?"

东方朔这才想起几年前他随口胡诌的"善哉"来。不过，他很会辩白，说："这没有什么可奇怪的。小时叫驹的，大了叫马；小时叫雏的，大了叫鸡；小时叫犊的，大了叫牛；人也是这样，小时称儿，大了称老。这树，过去叫'善哉'，几年后，现在该叫'瞿所'了。"

汉武帝听了，哈哈大笑，不再追究此事。

长乐宫、未央宫：
汉高祖的小确幸

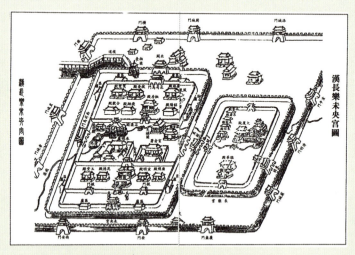

清·毕沅《关中胜迹图志》之"汉长乐未央宫图"

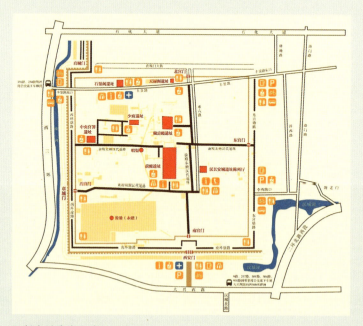

汉长安城未央宫遗址示意图

一、汉高祖刘邦：草根的逆袭

汉高祖刘邦（前256/前247—前195），字季，沛丰邑中阳里人（今江苏省徐州市丰县），杰出的政治家、战略家，汉朝开国皇帝。他是中国历史上第一位由草根逆袭为皇帝的传奇人物。然而，刘邦却是一个无赖型的"草根人士"，在成为皇帝之前甚至连名字都没有。

《史记》《汉书》都说刘邦从小就无赖懒散、喜酒好色、懒惰顽劣、游手好闲，从不从事生产，完全一副"社会闲散人员"的形象。

因此，不仅邻里乡亲极为鄙视他，就连他的父亲太公都看不起他，经常拿老二刘仲跟他比，骂他没出息，可刘邦依然我行我素。

而且，刘邦还鄙视读书和读书人，史书上记载，刘邦见到儒生后会把他们的帽子摘下向里面撒尿，活脱一个无赖。

在没起义反秦之前，刘邦只是一个亭长（级别相当于现在的派出所所长）而已，混了大半辈子，碌碌无为，一事无成。

公元前202年，汉王刘邦终于打败了不可一世的西楚霸王项羽，在七大诸侯王的支持下坐上了皇帝的宝座。

这位来自社会底层的皇帝，还受到毛泽东同志的高度赞扬，说刘邦是"封建皇帝里边最厉害的一个"。

刘邦到底厉害在哪里呢？他为何能实现从草根到皇帝的逆袭？

我们仔细阅读《史记》就能发现，刘邦有着明显的优点。

（一）志向远大，机智勇敢

刘邦在咸阳见到秦始皇出巡时，发出了"大丈夫当如此"的感慨。这个志向要比项羽的"彼可取而代也"要温和多了，更多的是对自身的要求。

在推选沛公的时候，萧何、曹参等在沛县有威望的人士，都不敢担任，最后还是刘邦在推辞几次后挑起大梁。

据汉史记载，发生在刘邦身上的神异之事很多，不得不说是刘邦思虑比较深：刘邦的母亲与龙交合生下他、他左腿上有七十二颗痣、喝醉酒后会有龙在他身上、一老夫给他相面说"君相贵不可言"、酒后斩杀白蛇以及吕后能通过云气找到他等。这些事情汇总起来说明，刘邦早早就想好了如何摆脱一个一无是处的草根形象，种种神异之事也为当时和后来很多下属的忠实追随打下了基础。

（二）天资聪颖，悟性极高

体现刘邦这个特点的，有两件事情很典型：一是折服张良。作为"谋圣"，张良是中国历史上比肩姜子牙、周公、诸葛亮等人的谋臣，多次给刘邦出谋划策，而刘邦对他言听计从，与其他人对张良计谋的不理解形成鲜明对比。因此，张良说："沛公殆天授。"意思是"刘邦是天选之子"。

二是封韩信为齐王。韩信在刘邦处于困境时请求做代理齐王，刘邦当着韩信使者的面大骂韩信；但在张良和陈平的提示下，瞬间变成了"要做就做真齐王，不做假齐王"，而不是"不想封韩信为齐王"的意思，应变之快、表演天分之高，不是一般人能学得来的。

（三）情商极高，深谙人性

在刘邦人生中最危险的荥阳之战中，纪信主动提出用诈术骗项羽、代刘邦而死，周苛坚守到城破、大骂项羽而死，可见二人对刘邦死忠。

英布在被项羽打败之后投靠刘邦，在皇宫被刘邦无礼接见之后，便有自杀的想法，但是到自己的住处一看，竟与刘邦的住处一模一样，然后大喜过望，他对刘邦的期望值完全由刘邦掌控。

平定陈豨（xī）叛乱更是经典，刘邦先开展利益攻势，给四个无军功的军官封侯，让他们为自己卖命，同时收买陈豨麾下官员，导致其内部分裂、将领倒戈；然后再进行军事征服，平定叛乱简直不费吹灰之力。

（四）人尽其才，知人善任

最出名的莫过于"成也萧何，败也萧何"。韩信被刘邦拜为大将之前，两人根本就没见过面，全靠相国萧何的举荐；而后韩信被杀也是萧何出的计策，可见，刘邦对萧何是完全信任的。与项羽麾下首席谋士范增受到项羽猜忌而被迫辞官的结局相比，很能说明刘邦管理艺术的高明。

刘邦临死前向吕后推荐丞相人选——萧何、曹参、陈平与王陵，更说明他知人善任。

（五）心胸宽广，慷慨大度

这一点其实很重要，可以让谋臣、猛将真心地信任他，并奉献自己的智谋、力量，乃至性命。历史上有很多人可以轻易地得到别人的投靠，却不能让人真心效命于他，最关键的是，别人说不定什么时候就被他秋后算账。"飞鸟尽，良弓藏；狡兔死，走狗烹"说的就是这个意思。

想一想，御史大夫周昌曾大骂刘邦是"桀纣之主"，却仍旧得到他的重用和尊重；刘邦不听谋士娄敬劝告，将其囚禁，并执意攻打匈奴，结果中了埋伏，差点儿命丧黄泉，逃亡成功之后刘邦立刻释放了娄敬，这保证了团队成员忠心耿耿、团结一致。

（六）矢志不渝，殚精竭虑

首先，在意识到异姓诸侯王是不稳定因素后，刘邦大力打击镇压异姓诸侯王，同时大封同姓诸侯王，并和大臣杀白马盟誓"非诸刘而王者，共击之"。这些举措确保了刘姓皇朝的正统，又确立了诸侯王与功臣集团之间的相互制衡关系。

其次，在生命垂危之际，刘邦拒绝吕后找来的神医，大骂"命乃在天，虽扁鹊何益"，用性命来证明他的皇权天授、证明汉皇朝法统的合法性。

综上所述，刘邦原本无权、无钱、无地，在楚汉战争期间经常败得如丧家之犬，但他有极高的情商、智商，有宽广的胸怀，有知错即改的精神，有让下属效死的高超管理艺术，有对百姓的宅心仁厚，有对事业的坚定决心。他以平民之身建立了延续400多年的汉朝，并使"汉"成为一个民族的名字，可以说，他是中国人白手起家的典范。

二、长乐未央：汉朝人的浪漫

古代诗词中，常将长乐宫、未央宫作为汉代宫殿的代名词。长乐宫和未央宫距今已有两千多年的历史，当年的建筑早已了无踪影了，那么，它们到底长什么样子呢？

刘邦建立汉室后，最初定都洛阳，三个月后迁都长安（今陕西省西安市），取"长治久安"的寓意，将都城定名为"长安"。迁都后，刘邦将位于长安城东南的秦代兴乐宫稍加修复，改名长乐宫，作为自己的宫室，并在这里处理政务。

长乐宫周长十余里，面积约6平方千米，由长信、长秋、永寿、永宁四组共14座宫殿台阁组成，汉初著名将领韩信就是被吕后和萧何骗到长信宫的钟室内，然后套上布袋杀害的。除以上四殿外，还有鸿台、临华殿、温室殿等建筑也很著名。

后来，刘邦嫌长乐宫的规模还不够大，不足以表现出泱泱大国的形象，于是开始建造心中理想的宫殿。他命令丞相萧何主持设计和建造未央宫。新的宫殿位于长安城西南角（今西安城西北），规模庞大，非常壮丽和豪华。

汉高祖七年（前200），未央宫建造完成，朝会也改在这里进行，但这时长安的居民还只是集中在未央宫的北面，并未筑城。

此后又过了七年，惠帝元年（前194）十二月，才开始修筑长安城，一直到惠帝三年（前192）才完成。

未央宫周长约28里，建于高高的台地之上，依龙首山的地势建后殿，因而比长安城还要高。初期建造的未央宫只有前殿、北阙和东阙，而未央宫以南的地区均作为御苑。

未央宫正门向北，建造了一个宏丽的北阙；其东部和长乐宫中间的信道上，则建造了一个东阙；前殿东西约50丈，周围有43座台殿、13座宫和1个水池。

未央宫的装饰极为豪华，各殿室以香木为栋橼，以杏木为梁柱，门扉上有金色的花纹，门面上则有玉饰，橼端上以璧为柱；还有青色的窗，红色的殿阶。殿前左为斜坡，右为台阶。壁带都是黄金制作的，间杂珍奇玉石，清风徐来，玲珑的声响飘过数里。

未央宫内有宣室、麒麟、金华、承明、武台、钩弋殿等宫殿，另外还有寿成、万岁、广明、椒房、清凉、永延、玉堂、寿安、平就、宣德、东明、岁羽、凤凰、通光、曲台、白虎、漪兰、无缘等殿阁。

汉武帝时又对未央宫加以修缮，使其更加富丽堂皇，大显帝王之威仪。现在未央宫遗址上仍留存着一座高大的夯土台基，就是当年未央宫前殿的基础，可以想象当年建筑之宏伟。

未央宫建成后，长乐宫便称为"东宫"，未央宫则称为"西宫"。后来，汉武帝又在长安城外未央宫以西的上林苑内建造了建章宫，与未央宫连通，而在未央宫以北则陆续建造了民居和京师官署，于是这三大宫殿区就基本上组成了汉代的长安城，长乐、未央、建章三宫则被合称为"汉三宫"。

自惠帝起，汉及后来多个朝代的皇帝都住在未央宫，太后则住在长乐宫，因此未央宫的知名度远在长乐宫之上，超过其他两大宫殿区。在古代诗词中，出现最多的汉宫名字就是未央宫。

长乐宫、未央宫的雄浑威严早已湮灭，却留下了这样两个美好的词语——长乐、未央，寓意喜乐绵长、永无穷尽。长乐未央，是汉高祖刘邦的小确幸，更体现了汉朝人的浪漫。

三、西汉未央宫对后世的影响

（一）政治影响

未央宫是西汉时期皇帝朝寝的皇宫，是长安城内最重要的宫殿建筑群，是帝国的权力中枢，皇帝登基、大典、重要朝会都在此举行，在此发生过许多重大历史事件。

未央宫在西汉以后先后成为新、东汉初、西晋、前赵、前秦、后秦、西魏、北周、隋等朝代的行政中枢所在地，唐代时其也被划归为禁苑的一部分，使用时间长达360多年，是中国历史上使用朝代最多、存在时间最长的宫殿。

（二）文化影响

未央宫是丝绸之路的东方起点。汉武帝建元二年（前139），张骞就是在未央宫领取汉武帝的旨意出使西域，从而开启了轰轰烈烈的凿空之旅。未央宫揭示了丝路发展初期，西汉帝国都城的城市文化特征和文明发展水平，见证了西汉帝国对丝路开创所发挥的决定性作用。

未央宫以其宏大的规模、等级森严的建筑规格体系，展示了位于丝绸之路东端的亚洲东方文明发展水平。作为汉帝国的权力中心，未央宫是打通西域的决策中心和指挥中心，见证了汉帝国积极寻求与西域各国的对话与交流、开辟丝绸之路的重要历史功绩，见证了汉长安城在丝绸之路发展历程中，兼具时间与空间上的双重起点价值。

（三）建筑影响

未央宫是中国古代规模宏大的宫殿建筑群之一，其规划和设计思想对后代宫城和都城的规划建设产生了深远的影响，奠定了中国2000多年宫廷建筑的基本格局。

早在秦代，统治者就开始利用人造山水来美化皇宫环境，如秦始皇就在咸阳宫东边修筑了兰池，建造了蓬莱山。但在皇宫之内修建人工湖、筑造假山却是始于西汉未央宫。汉武帝时修建的建章宫继承了这一传统，在宫内建了太液池，池中筑了蓬莱三岛，这些做法和池山名称，一直为后世帝王宫城所沿用、仿效。

第五讲 建章宫：
汉武帝"金屋藏娇"之地

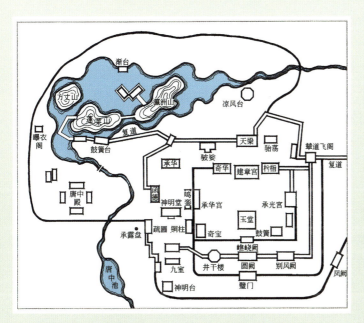

汉长安城建章宫平面示意图

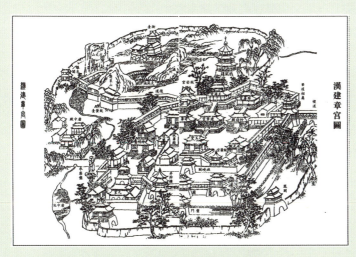

清·毕沅《关中胜迹图志》之"汉建章宫图"

一、"千门万户"建章宫

建章宫，西汉皇家宫殿群，始建于汉武帝太初元年（前104），与长乐宫、未央宫统称"汉三宫"，是三宫中建造时间最晚、使用时间最少的宫殿。

建章宫规模宏大，周长10多千米，有"千门万户"之称，是西汉时期园林建筑艺术的最高水平代表，后毁于新莽末年战火之中。建章宫遗址于2013年5月3日由国务院公布为第七批全国重点文物保护单位。

在建章宫兴建之前，长安城内原有长乐、未央两座宫殿，汉高祖刘邦在位时住在长乐宫，汉高祖之后为太后居所，惠帝以后的皇帝都住在未央宫。

未央宫一侧建了一座高台，名叫"柏梁台"，高达几十丈，是专供皇帝俯瞰上林苑景色的地方。武帝太初元年，有一天柏梁台失火被焚，事后有一个南粤巫师进言武帝："在臣下的家乡，房屋失火之后要建一座比原来的屋子更宏大、更漂亮的屋子，来降服火魔，方可保平安无事。"

巫师的家乡是否有此传说无从确认，但可以设想到的是，汉武帝早就嫌弃未央宫空间狭小，最重要的是，作为千古一帝的他，很希望像第一个统一华夏的皇帝——秦始皇那样，修建一座自己的宫殿，而且那时候的汉帝国如日中天，国库富余，因此武帝以柏梁台失火为由，在长安城西边与未央宫一墙之隔处，兴建了建章宫。

建章宫建成之后，汉武帝便在这里处理政务，使其日渐成为汉朝的权力中心。

太初元年设立"建章营骑"，后更名为"羽林骑"，最初主要是为了便于汉武帝狩猎，从汉阳、陇西、安定、北地、上郡、西河六郡选拔良家子弟，主要负责护送保卫皇帝；后来武帝又收编阵亡将士后代进入羽林骑，教他们各项军事技能，称之为"羽林孤儿"。羽林也由此成为一种延续军事传统与家族荣誉的象征，地位得到进一步认可和提高，成为很多后世君王效仿的榜样。诸如唐初的左右羽林军，直至明朝仍有羽林卫，羽林是中国历史上持续时间最长、最为知名的军队名称之一，李陵、卫青等人都曾任羽林将领。

其后的建章宫见证了武帝接见单于、匈奴归附的大汉盛世，武帝末年巫蛊之乱时天下纷扰、血流成河的人心可怖。武帝之后的昭帝也在建章宫办公，直到元凤二年（前79）搬回了未央宫。之后建章宫就等同于上林苑中的一座离宫别苑。

直到西汉末年王莽篡汉，将建章宫中大部分宫殿拆除，将木材等建筑材料拉到长安城安门以南修建王莽九庙，后来绿林军攻入长安，王莽被杀于建章宫渐台，再后来赤眉军在长安城内大肆破坏，建章宫从此废弃，共存世125年。

根据考古发掘，建章宫面积约为5平方千米，规模宏大。从宫殿布局来看，正门、圆阙、玉堂、建章前殿和天梁宫形成一条中轴线，其他宫室分布在中轴线左右，周围阁道相连。

宫城内北部为太液池，筑有三座仙山，宫城西面为唐中庭、唐中池。中轴线上有多重门、阙，正门叫"阊阖"，也叫"璧门"，高25丈，是城关式建筑。屋顶上有铜凤，高5尺，用黄金装饰，下面有转枢，可以随风转动。

在璧门以北，建了一座圆阙，高25丈，左边是别凤阙，右边是井干楼。在圆阙门内，前面是建在台基上的玉堂，后面是建在高台上的建章前殿，气魄十分雄伟。

宫城中还分布着众多不同组合的殿堂建筑。璧门之西有一座神明台，高50丈，上面有一座仙人手捧铜盘承接雨露的铜像，传说服用天上仙露拌玉屑可以长生不老。

从史料中我们可以看出，建章宫虽为皇室宫殿，却充满了园林文化。尤其是水体景观，根据文献记载，建章宫有5个景观水池：太液池、唐中池、孤树池、琳池、影娥池，其中最著名的要数太液池。

相传武帝由于喜欢大海，但不能经常驾临，于是在营造建章宫时将大海连同海上的仙山及建筑一并搬到里面，在太液池中堆筑了三座人工岛屿，分别取名为"蓬莱""方丈""瀛洲"。这种通过在湖中设立人工岛以模仿仙境的建筑模式，后世称为"一池三山"，传承了2000多年，成为帝王营建宫苑时常用的布局方式。

另外，由于未央、建章仅一墙之隔，为了方便，武帝就在未央宫西部建了一座跨越两宫的"飞阁"，并修建"辇道"用于上下飞阁。"飞阁、辇道"相当于空中走廊，类似于现代的立交桥，属于皇家的专用通道。这也是建章宫的一大特色。

二、建章宫与"一池三山"

前文说到，建章宫北侧的太液池及池中的三座人工岛屿，形成"一池三山"格局，开启了后世自然山水宫苑营造的先河。

"一池三山"源于中国的道家思想。《道德经》中说："道生一，一生二，二生三，三生万物。"老子以"道"为哲学的最高范畴，认为道是创生万物的本源，一切事物都是从道中产生的。

庄子承袭了老子的"道法自然"思想，以自然为宗，强调无为。道家的自然观体现在中国古典园林的创作上，便是崇尚自然，师法自然，追求自然仙境。

传说东海的三座仙山上有仙人居住，仙人有长生不老之药，凡人吃了可以长生不老，与自然共生。

据《史记》记载，秦始皇妄想长生不老，曾多次派遣数千人入海寻仙境、求仙药。但梦想破灭，退而求其次，下令营造了一处人间仙境——兰池宫，来慰藉自己求仙不得的失落。

然而，历代帝王对于"永生"的追求，从未停止。

汉高祖刘邦在兴建未央宫时，也曾在宫中开凿沧池，池中筑岛，象征仙境。

汉武帝在建造建章宫时，在宫中挖太液池，在池中堆筑三座岛屿，并取名为"蓬莱""方丈""瀛洲"，以模仿东海三仙山。

太液池用自然山水的形式来表现人间的仙境，不仅引水为池，池中有山，水光山色，构成海中神山的仙境，还有龟鱼雕刻作为装饰。池边种满了水生植物，生机盎然，彰显了造园的艺术性。

由此可见，建章宫是中国历史上第一个具有完整三仙山的仙苑式皇家园林。从此以后，"一池三山"成为帝王宫苑常用的布局方式，是后世造园活动中掇山理水的典范。

北齐邺城仙都苑大海，北魏和南朝时期华林园天渊池，隋唐时期的长安后苑、洛阳东都宫九洲池、洛阳西苑，宋代汴梁艮岳、临安德寿宫，元明时期大内御苑太液池，清代圆明园福海、颐和园昆明湖、避暑山庄"芝径云堤"等宫苑中，都有对东海三仙山的模仿。

追本溯源两千年，对于"一池三山"格局的营造与丰富，不曾停息。"一池三山"注入了厚重的中华传统文化，源于自然，高于自然，园林模式不断地丰富与演变，影响着中国上千年的园林山水格局营造。

三、成语"金屋藏娇"的典故

说到汉武帝的建章宫，还有一个有关成语"金屋藏娇"的由来的故事不能不提。

汉武帝刘彻是汉景帝刘启的第十个儿子，他的母亲叫王娡（zhì），是汉景帝的妃子。刘彻既不是嫡生，也非长子，在有"储君立嫡立长"传统的大汉朝，他是如何成为太子、登上皇帝宝座的呢？

事情是这样的。

汉景帝刘启唯一的同母姐姐，就是长公主刘嫖（piāo），她嫁给了堂邑侯陈午，生了个女儿，小名叫"阿娇"，就是刘彻的表姐。

汉景帝一共有14个儿子，其中宠妃栗姬生的儿子最多，而且生育了皇长子刘荣。景帝把没有子嗣的薄皇后废黜后，最初立长子刘荣为太子。

长公主刘嫖很疼女儿，总想把世界上最好的东西都给她。但是她们家又似乎什么都不缺了，阿娇是要风得风要雨得雨。做女人做到最顶峰的，应该就是皇后吧，一人之下万人之上。于是，刘嫖便替女儿瞄上了后位。

她打算将女儿阿娇许配给太子刘荣，这样一来，若日后太子登基，她的阿娇便可顺利成为皇后。

于是刘嫖差人问栗姬的意思，谁知栗姬自恃儿子是太子，丝毫没把长公主刘嫖放在眼里，加上刘嫖经常进献美女给皇上，分了她的宠，所以栗姬拒绝了刘嫖的好意。

刘嫖震怒，她心想要是栗姬的儿子当不成太子，看她还怎么拽！于是便起了废太子之心。

这个时候，后宫妃子王娡出现在刘嫖眼前。王娡知进退、懂分寸，比嚣张跋扈的栗姬好多了。刘嫖看到王娡的儿子刘彻（当时只是胶东王）也是一个可爱又懂事的孩子。

一天，长公主刘嫖抱着刘彻，逗他玩，问："彻儿长大了要娶老婆吗？"刘彻说："要啊。"刘嫖于是指着左右众多宫女，问刘彻想要哪个，刘彻说这些他都不要。

最后刘嫖指着自己的女儿陈阿娇问："那阿娇好不好呢？"刘彻于是咧嘴笑着回答说："好啊！如果能娶阿娇做妻子，我会造一个金屋子给她住。"

后来，聪明的王娡，在长公主刘嫖的支持下，最终击败了愚蠢的栗姬。

汉景帝前元七年（前150），太子刘荣被废，改封临江王，是中国封建时代第一位被废掉的皇太子。当年，王娡被封为皇后，之后，她的儿子胶东王刘彻被立为皇太子。

刘彻成为太子后，长公主刘嫖便将女儿陈阿娇嫁给了他，陈阿娇顺利成为太子妃。

10年之后，汉景帝去世，刘彻登基称帝。汉武帝坐上皇位之后履行了自己的诺言，他真的为阿娇备下了一座金碧辉煌的宫殿——建章宫，并册封她为皇后。

于是，"金屋藏娇"的故事就流传开来了。

第六讲　椒房殿：
汉代皇后居住的宫殿

明·仇英《汉宫春晓图》

一、"椒房之宠"的典故

一般来说，帝后大婚时，皇帝会命人将新房布置成椒房，以表示对皇后的敬重。后来，特别受皇帝宠爱的妃子，也会得此殊荣，所以，"椒房之宠"就成了表达皇帝宠爱的一个代名词。

看过电视连续剧《甄嬛传》的朋友们都知道，甄嬛刚开始得宠的时候，皇帝就赐给她椒房之宠，从甄嬛、槿汐以及宫女太监的喜悦程度来看，这是无上荣光。

那么，今天让我们一起来看看，究竟什么是"椒房之宠"呢？

"椒房"最早出现在汉朝，本来是指"椒房殿"，也就是皇后、妃子所住的宫殿。

《诗经·唐风·椒聊》诗中说："花椒结籽挂树上，累累椒籽升升装。看他那个人儿呀，身材高大称无双。像一串串花椒呀，它的香气飘远方。花椒结籽挂树上，累累椒籽捧捧香。看他那个人儿呀，心地忠厚身强壮。像一串串花椒呀，它的香气飘远方。"❶

《椒聊》用花椒多籽来比喻、赞美高大健壮的人，人丁兴旺，子孙像花椒树上结的果实那样多。化用这一典故，汉代就把皇后的居所起名为"椒房殿"，以此期望皇家枝繁叶茂，血脉昌盛，血统永传。

在电视剧《甄嬛传》中，甄嬛两次被赐"椒房"都是在皇上十分宠爱她的时候，可见椒房之宠意义非凡，不是一般嫔妃能够拥有的。

甄嬛在汤泉宫首次侍寝，回宫后被赐"椒房之喜"，宫里的太监黄规全说这是"上上荣宠"。

槿汐也说道："椒房是宫中大婚方才有的规矩。除历代皇后外，等闲妃子不能得此殊宠。"

槿汐还说："这椒房乃是取温暖多子之意，意喻'椒聊之实，蕃衍盈升'。"

这让初承雨露的甄嬛感动不已，认为皇上对她与对别人果然不同。

后来，在离宫修行的甄嬛一朝有孕，以熹妃钮祜禄氏的身份再度回宫被赐"椒房"，皇上说：

---

❶ 原文为："椒聊之实，蕃衍盈升。彼其之子，硕大无朋。椒聊且，远条且。椒聊之实，蕃衍盈匊（jū）。彼其之子，硕大且笃。椒聊且，远条且。"

"昔日椒房贵宠，今又在矣。"

太监苏培盛也说："自娘娘走后，任谁再得皇上恩宠，也没有赐过椒房恩典。"

所以，椒房，是宫中最尊贵的荣耀，代表着皇帝极高的宠爱！只是重回后宫的甄嬛已不是往日那个如小白兔般单纯的甄嬛了，所以你看她一脸冷漠。

二、椒房殿的寓意与布局

在西汉都城长安城内的长乐宫和未央宫中都建有椒房殿，从高祖时期开始，便是皇后居住的宫殿，因此，"椒房"也就成了皇后的代称。

之所以命名为"椒房殿"，是因为宫殿里使用了一种特殊的药材——花椒。

花椒原产于中国，对其最早的记载是春秋时期的《诗经》，入药最早是在秦汉时期的《神农本草经》中，后世历代本草书籍中均有记载。

从植物学上说，花椒是芸香科、花椒属落叶小乔木。从中药学上说，花椒的药性温燥，具有温中燥湿、散寒止痛、止呕止泻等功效，常用于治疗脘腹冷痛、呕吐、泄泻、不思饮食等症。

椒房殿里之所以要使用花椒，是因为花椒具有气味芬芳、功效温和和果实繁多等特点。

首先，花椒具有芳香的气息，椒房就是将气味芬芳、温和好闻的椒果研磨成粉，渗入涂料糊满墙壁，这样房间内不但有芳香的味道，还有防蛀虫的功效，可以保护木质结构的宫殿。

其次，花椒功效温和。据《本草纲目》记载，花椒具有温中的功效，可除去脏腑内的寒气。而椒房，是将椒果粉末和泥涂在墙上，做成保温层，能够很好地保持室内温度。

再次，墙壁上的椒果粉末对人的身体有好处，相传鼎鼎大名的窦漪房太后在世时，常常在椒房殿里休息，所以她身体健康，寿命也很长，一生历经四朝，辅佐过三代皇帝——丈夫汉文帝、儿子汉景帝、孙子汉武帝。

最后，花椒的果实极多，有子嗣繁盛的寓意。在十分看重子嗣的古代后宫，这种多子的香料一直受妃嫔们所喜爱。

西汉时期的椒房殿正殿坐北朝南，殿前设有双阙。宫殿之前置阙十分罕见，非一般宫殿所能为，显示出椒房殿建筑规格之高。

汉高祖七年（前200）长乐宫建成，刘邦从临时都城栎（yuè）阳（在今西安市阎良区境内）搬到长安，入住长乐宫；吕雉作为皇后，住在长乐宫的椒房殿。汉惠帝（前195—前188年在位）即位后，未央宫基本建成，从此，汉惠帝皇后张嫣、汉文帝皇后窦漪房、汉武帝皇后陈阿娇和卫子夫、汉宣帝皇后许平君、汉成帝皇后赵飞燕等，都居住在未央宫的椒房殿。

三、汉代著名皇后那些事儿

皇后，简称"后"，是世界历史上帝国最高统治者——皇帝正妻的称号。"后"与"後"，古已有之。古代的"後"是指时间、空间、次序、辈分等较晚、靠后；而"后"字原来特指君主，以前的夏启就称作夏启后，后来引申指"君主的妻子"，这是一个位份、称谓，而不仅仅是指"皇帝身后的女人"。

因为汉字被简化的原因，我们习惯将"后"与"後"两字合并为"后"，取"后面"的意思。这是误解。

在封建社会的王朝运作中，皇帝掌管"外事五权"，而"内事五枚"则由皇后执掌。根据荀子的观点，天子独大，没有人可与之平起平坐，所以天子的配偶不可以取"齐"的谐音"妻"，只能叫"后"。

秦始皇统一六国之后，改"天子"为"皇帝"，并制定了皇帝的止妻为皇后的后妃制度。

较完备的后妃制度和等级划分直到汉朝才实际执行。皇后是六宫之主，母仪天下，十分有权力，下面介绍几位汉代著名的皇后。

（一）汉高后吕雉

吕雉，字娥姁（xū），通称吕后，或称汉高后、吕太后等，是刘邦的正妻皇后，汉高祖死后，被尊为皇太后，是中国历史上有记载的第一位皇后和皇太后。

吕雉也是秦始皇统一中国、实行皇帝制度之后，第一个临朝称制的女性，被司马迁列入记录帝王政事的《本纪》，后来班固作《汉书》仍然沿用。

在她统治期间，一方面，尊崇黄老之学，奉行"无为而治"的方针，实行"与民休息"的政策，鼓励民间藏书、献书，恢复旧典，为后来的"文景之治"打下了坚实的基础。但另一方面，她屈杀功臣韩信，重用吕家人，开启了汉代外戚专权的先河。

（二）孝文皇后窦漪房

窦漪房，清河观津（今河北省衡水市武邑县）人，汉文帝的皇后。

汉惠帝时期，窦漪房以"家人子"（也就是普通宫女）的身份入宫伺候吕太后，后来被赐给代王刘恒。刘恒即位后，把她立为皇后。景帝即位后，尊其为皇太后。建元元年（前140），汉武帝即位，尊其为太皇太后。

窦太后与汉文帝刘恒育有一女二男：长女馆陶长公主刘嫖，长子汉景帝刘启、少子梁孝王刘武。

汉武帝建元六年（前135），窦太后去世，与汉文帝合葬于霸陵。她经历四朝，辅佐过三代帝王，权倾一时，特别是对孙子汉武帝刘彻的影响极大，是汉朝最有权势的女性之一。

（三）孝武皇后卫子夫

孝武卫皇后，名不详，字子夫，河东平阳（今山西临汾西南）人，汉武帝刘彻的第二任皇后，在皇后位38年，谥号"思"，是中国历史上第一位拥有独立谥号的皇后。

她以平阳公主家奴的身份被刘彻看中，进入皇宫，开始受到宠幸，并且为汉武帝生下长子刘据。她的弟弟卫青和外甥霍去病，分别担任大司马大将军、大司马骠骑将军，执掌军权，卫家也曾显赫一时。

征和二年（前91）七月，巫蛊之祸爆发，皇太子刘据遭江充等人陷害而不得面见君父。七月初九，卫皇后助子起兵，诛杀江充以自保。8天之后，太子兵败，出逃覆盎门；汉武帝误信太子谋反，诏收皇后玺绶，卫子夫拒绝受辱，自杀身亡，葬于覆盎门外桐柏亭。

（四）孝成皇后赵飞燕

赵飞燕，名宜主，号飞燕，汉成帝刘骜的皇后。她是一位绝世美人，与唐玄宗的贵妃杨玉环齐名，被苏轼誉为"环肥燕瘦"。

她早年家道中落，流落于长安，得到赵姓人家收养，成为阳阿公主家中的歌女，努力学习舞蹈，擅长"气术"，舞蹈轻盈飘逸，被人称为"飞燕"。汉成帝刘骜驾临阳阿公主府时，赵飞燕受到宠幸，被召入宫中，先封婕妤，与妹妹赵合德深得圣宠。

永始元年（前16），赵飞燕被册立为皇后。绥和二年（前7），汉成帝驾崩后，她拥戴汉哀帝刘欣继位，被尊为皇太后。元寿二年（前1），外戚王莽挟太皇太后王政君下诏，将她废为庶人，责令自尽。

赵飞燕创造了非凡的舞蹈成就。宋代传奇小说《赵飞燕别传》记载：为了讨汉成帝的欢心，她把单人舞逐渐发展为群体舞，各种舞姿的变化时有新招，可谓千姿百态，还组织舞蹈队，进行专业化的训练。她尤其擅长"踽（jǔ）步"，类似于今天模特走的猫步，身姿撩人，好似手执花枝，弱柳扶风，轻微颤动，风情万种。

（五）光烈皇后阴丽华

阴丽华，南阳郡新野县(今河南省新野县)人；光武帝刘秀的原配，东汉第二位皇后；春秋时期名相管仲的后裔，汉明帝刘庄的生母。

阴丽华在历史上以美貌著称，当刘秀还是一个尚未发迹的没落皇族之时，就十分仰慕阴丽华的美貌，曾感叹道："娶妻当得阴丽华。"

新朝末年，天下大乱，刘秀也在家乡起兵。昆阳之战后，刘秀在宛城迎娶阴丽华为妻。东汉建立后，刘秀欲立阴丽华为后，但她坚辞不受，于是被封为贵人。建武四年（28），阴丽华随军出征，讨伐叛将彭宠。建武十七年（41），皇后郭圣通被废，刘秀封阴丽华为皇后。

汉明帝即位后，尊阴丽华为皇太后，共在位24年。永平七年（64）正月二十日（3月1日），阴丽华崩逝，享年60岁。同年二月初八，与刘秀合葬于原陵，谥号"光烈"。

这五位汉朝皇后，无论是生前还是死后，名气都十分大，既影响了当时的朝政走向，又为后世留下了许多有趣的故事。

第七讲　梁孝王园：
　　　　梁园虽好，终非久恋之家

清·袁江《梁园飞雪图》

一、"梁园"的成语典故

西汉景帝时期，商丘文化曾有过极为辉煌灿烂的篇章。

当时，汉文帝将儿子刘武从最初的代王改封为淮阳王、梁王，就是历史上著名的梁孝王，建都于睢（suī）阳城（今河南省商丘市）。在平定七国叛乱中，梁孝王功劳极大，再加上是窦太后的亲生儿子，汉景帝的同母胞弟，很受哥哥宠爱，梁孝王的权势达到了顶点。

西汉的诸侯王无法开疆拓土，就将主要精力用于发展封地的经济、文化，致力于享受人生。于是，梁孝王大兴土木，开始修建自己的宫苑——梁园。

据《史记》记载，梁园占地150多平方千米，还有15多千米长的空中通道和宫室相连，从如今商丘古城东南一直延伸到东北角的平台，可谓辉煌壮丽。这座被后世称为梁园的诸侯园林，成了梁孝王从事狩猎和文化活动的主要场所。

和当时的许多诸侯王一样，梁孝王广泛招贤纳士，当时最著名的文人枚乘、邹阳、司马相如等都成了梁孝王的座上宾。有趣的是，这些人最初都不是梁孝王的门客。比如枚乘和邹阳，本来都是吴王刘濞的门客，后来，两个人察觉到了刘濞的谋反之心，劝说无效后转投梁孝王。

而司马相如此前更是在朝廷中任职，因为汉景帝不喜欢辞赋，他无法施展自己的才能，又受到梁园内浓厚文化气息的吸引，这才转投梁孝王。

在梁园，枚乘创作了标志着汉赋进入成熟期的《七发》，最伟大的汉赋作家司马相如则留下了他的代表作之一——《上林赋》。文人们能够创作出这些不朽的篇章，显然与梁园的富丽堂皇以及梁孝王声势浩大的田猎活动有关。

梁孝王喜欢打猎，出猎时天子赏赐的旌旗随风飘扬，随从千乘万骑，声势极为浩大。这样的活动，开阔了文人们的眼界和心胸，激发了他们的创作灵感。在司马相如和枚乘著名的作品里，帝王与贵族的田猎活动就是其中最重要的内容。

汉武帝登基后，和梁孝王一样喜欢辞赋，司马相如便留下一句"梁园虽好，不是久恋之家"，寻找更大的舞台、创造新的辉煌去了。

可以想象，被招待住在梁园的宾客，当然待遇优厚，生活得非常舒适。然而无论如何，总不过是暂时的居处，毕竟不是自己的家，不能做长住的打算。所以说："梁园虽好，不是久恋之家。"

后人用这句话比喻虽可玩乐却不可久恋的地方，并因此流传而成为成语。旧时多指"盗窃分子改邪归正、脱离贼伙"。如《水浒传》第六回中说：鲁智深、史进在瓦罐寺把两个强人杀了，包了些金银，背在身上，道："梁园虽好，不是久恋之家，俺二人只好撒开。"

一直留在梁园的是枚乘。在平定七国之乱的时候，枚乘曾上书劝谏造反的吴王，于是名满天下，汉景帝为此授予枚乘弘农都尉的官职。但是，枚乘留恋梁园，称病告假，直到在梁园病逝。此后，梁园文人群体逐渐解体。

但是，回望历史，梁园文人群体解体的更主要的原因，也许是梁孝王参与争嫡，并在争嫡失败后刺杀朝廷高官以泄愤。最初，梁孝王因为与朝廷保持一致，大批文人纷纷来投，最后，梁孝王由于与朝廷貌合神离、心生怨隙，导致了许多文人的离去，令人感叹。

不管怎么说，梁孝王在世时，梁园成为全国文化的中心，正如鲁迅所说："天下文学之盛，当时盖未有如梁者也。"那时，商丘位居西汉文化的巅峰，像是一颗明珠，凝聚了帝国所有的目光。

二、梁园的园林景观

梁园，又名东苑、兔园、睢园、修竹园，是梁孝王刘武营造的规模宏大的诸侯园林，位于西汉梁国都城睢阳（今河南省商丘市睢阳区）东部，西起睢阳城东北（今河南省商丘古城东南），东至商丘古城东北7.5千米的平台集（今河南省商丘市经济开发区平台街道）。

西汉初年，汉文帝封其子刘武为梁王，定都睢阳，建立梁国，在睢阳东南平台一带大兴土木，建造了规模宏大、富丽堂皇的梁园。又在园内建造了许多亭台楼阁，以及百灵山、落猿岩、栖龙岫、雁池、鹤洲、凫（fú）渚等景观，种植了松柏、梧桐、青竹等奇木佳树。

建成后的梁园面积达150多平方千米，宫观相连，绵延数十里；奇果佳树，错杂其间；珍禽异兽，出没其中，使这里成了景色秀丽的人间天堂。梁孝王每天与侍从们，在园中射猎垂钓，游览作乐。

从各地前来投奔梁孝王的文士名流，也住在梁园。因此，梁园成为以邹阳、严忌、枚乘、司马相如、公孙诡、羊胜等为代表的西汉"梁园文学"主阵地。后世谢惠连、李白、杜甫、高适、王昌龄、岑参、李商隐、王勃、李贺、秦观等都曾慕名前来梁园。李白更是在此居住长达10年之久不忍离开，还写了一首《梁园吟》，表达无限的向往之情和繁华落尽的伤感。

后来，梁园还被选入"汴京八景"。"汴京"，即北宋东京汴梁，如今的河南省开封市，是我国七大古都之一，城内名胜古迹众多，"汴京八景"就是其中的精华。

早在明代成化《河南总志》一书中，就有对"汴京八景"的记载，经过后人的修改，"汴京八景"现代通称为：繁（pó）台春色、铁塔行云、金池夜雨、州桥明月、梁园雪霁、汴水秋声、隋堤烟柳、相国霜钟。

值得注意的是，梁国都城并不是开封，而是商丘，梁园也不在开封，而是在商丘，但由于开封历史上曾长期称大梁、汴梁，故使很多人产生误解，以致以讹传讹，把商丘的"梁园雪霁"也列入了开封的汴京八景。

梁园是景色秀丽的人间天堂，尤其是到了冬天，当风雪停、云雾散，太阳初升之时，梁园银装素裹，分外妖娆，景色更加迷人，故有"梁园雪霁"之称。

三、历史悠久的兔文化

大概是因为梁孝王刘武喜欢兔子，所以他修筑的梁园也叫"兔园"或"菟园"。据枚乘在《梁王菟园赋》中描述，这里就像一座野生动物园，众人可以在这里一边漫步赏花，一边斗鸡赛兔，同时美餐着猎来的

野味。酒不醉人人自醉，这般美景乐事，惹得游人流连忘返，不知暮之将至。❶

兔子一直是人们十分喜爱的宠物。有研究表明，兔子与人类相伴已久，古人养兔已有数千年的历史。

无论野兔还是家兔，都长得很可爱，有人为了养它们，不惜打造奢华的兔园，并因此史册留名。

历史上的顶级兔园有两个，一个出自西汉梁孝王刘武，一个出自东汉大将军梁冀。刘武的梁园，前文已经讲过；梁冀的菟园，后文会介绍。这里谈谈园林中的兔文化。

（一）中国传统兔文化

在中国传统文化中，"兔"不仅是十二生肖之一，也一直被视为吉祥之物。古代留存下来的有关兔的文物颇多，瓷、玉、木、水晶等各种材质的都有。从西周时期的玉兔形象，到辽代的水晶小兔，到明代的"玉兔捣药"题材，再到晚清以来造型多样的中秋"兔儿爷"……

在古代中国，兔子被认为是瑞兽，是祥瑞文化的使者。汉代流行的《瑞应图》中说："赤兔大瑞，白兔中瑞。"《汉书》中有汉代建平元年、元和三年以及永康元年，地方百姓捕获白兔以献朝廷的记载。

兔子现身被视为上天对君王德行的赞许，《宋史》中就说过："王者德盛则赤兔现，王者敬耋（dié，指七八十岁的年纪）则白兔现。"这种天人合一的思想体现了中华民族自古以来与天地自然和谐相处的美好愿望，对统治者的施政也起到了一定的规范作用。

在天人合一、万物息息相通的哲学思维下，人们在兔子身上寄予了多重德行，对它赞赏有加，推崇备至。

第一，兔子体态优美，或奔或跃，敏捷灵动，睡姿也惹人怜爱。唐代王建的《宫词》就描绘了"新秋白兔大于拳，红耳霜毛趁草眠"的可爱睡姿。

第二，在饮食上，兔子吃素，不贪婪，性情温顺，类似于君子的仁与善。唐代蒋防《白兔赋》称赞它"皎如霜辉，温如玉粹……其容炳

---

❶ 原文为："从容安步，斗鸡走兔，俯仰钓射，煎熬炮炙，极乐到暮。"

真，其性怀仁"。

第三，兔子在清晨破晓时分就开始到处奔走觅食，这是勤劳的表现。成语"狡兔三窟"，是指兔子善于未雨绸缪，防患于未然，有很多洞穴用来藏身，冬天只沿着自己的足迹返回洞穴，非常机警，富于智慧。

第四，兔子具有很强的繁衍能力，雌兔当年即能产仔几十只，甚至可以同时怀多窝兔宝宝，最后再分别按时出生，因此兔子被视为多子多福的象征。崇尚多子多福的先祖们将玉兔奉为月神，也掌管生育。古时女人拜月，未婚的祈求月神赐予佳偶，已婚的则向玉兔祈求多子多福。

第五，兔子还因为长寿，成为长生不老的象征。在神话传说中，"捣药兔"的形象极为常见，长伴月中嫦娥左右。东晋道教理论家葛洪在《抱朴子·内篇·对俗》中说："虎及鹿兔，皆寿千岁。寿满五百岁者，其毛色白。"山东、河南、陕西、江苏、安徽、四川等地汉代墓室出土的画像砖和画像石上，就有很多"捣药兔"的形象。

（二）园林中的兔文化

1. "金蟾玉兔"瓦当

在中国古人眼中，月亮上的阴影非常像一只蟾蜍和一只兔子，于是大家想象月亮上生活着金蟾和玉兔。

而圆圆的瓦当，正好可以跟圆圆的月亮联系起来。于是人们在烧制瓦当时，就会在上面绘制金蟾和玉兔，含蓄委婉地表达祈求长生不老的心愿。

但汉武帝登基后，大兴土木，瓦当图案明显不够用，大家只好用文字在瓦当上直抒胸臆：汉并天下、四夷尽服、延年益寿、永寿无疆……

就这样，图案瓦当迅速减少，存留至今的"金蟾玉兔"瓦当更是十分珍贵。

2. 北京颐和园长廊"蓝桥捣药"彩画

还有一个发生在唐朝时期的奇幻故事，里面也出现了玉兔，这个故事出自唐代小说《传奇·裴航》。

书生裴航在蓝桥驿投宿时，遇到了少女云英和她祖母，云英姿容绝世，裴航想娶她为妻，于是向祖母提亲。

但祖母要求，他用玉杵臼将一粒玄霜灵丹捣一百天，炼成长生不老的仙丹给自己服用。

于是，裴航日夜不停捣药，月宫里的玉兔被感动后每天来悄悄帮他捣药。

最终，祖母答应了这门亲事。

后来，这个故事经过不断改编，出现了《裴航遇云英》《蓝桥记》《蓝桥玉杵记》等话本和杂剧，从而家喻户晓。

所以，颐和园长廊彩画里出现"蓝桥捣药"的故事，也就不奇怪了。

3. 北京石景山金代壁画中的兔子

兔子奔跑的速度比马要快，可以达到每小时70多千米。成语"动若脱兔"就是指像逃跑的兔子一样，速度极快。

北京石景山金代壁画中就画了一只兔子，双耳竖立，尾部上翘，向前飞奔，可惜画面被破坏了，但也能够从中感受到动若脱兔的迅速。

第八讲　袁广汉宅园：
中国最早的私家园林

清·胡湄《玉堂富贵图》

一、茂陵富翁袁广汉的宅园

西汉时期，地主小农经济发达，朝廷虽然施行重农抑商的政策，针对商人采取了种种限制措施，但由于商品经济在沟通城乡物资交流，供应皇室、贵族、官僚的生活享受方面起着重要作用，因此，经商致富的人不少。大地主、大商人成了地方上的巨富，民间营造园林已不限于贵族、官僚，巨富也有造园的，而且规模也很大。

关中地区在汉代时被称为"金城千里、天府之国"。各地豪强富户迁到关中后，凭借其声望和财富，带动了当地的建设。经过多年的蓬勃发展，迁徙至陵邑的世家大族、达官显贵、商贾富人形成一个个显赫的家族，尤其以高祖长陵、惠帝安陵、景帝阳陵、武帝茂陵、昭帝平陵这五个陵邑最为发达，故当地人称"五陵原"。

东晋葛洪的《西京杂记》里，记载了汉武帝时期的茂陵邑富人袁广汉所修筑的私家园林——袁广汉宅园的情况，这是我国历史上有文字记载的第一座私家园林。

袁广汉（生卒年不详），西汉茂陵县（今陕西省咸阳市兴平市东北）人。他富甲一方，坐拥百万家资，仅家仆就有八九百人。

他在北邙山❶下修筑了一处园林，东西长2千米，南北宽2.5千米，规模相当宏伟壮观。人工堆筑的土石假山绵延好几里，高10多丈，体量十分巨大。

由于园址地势比较高，特地筑坝逐级抬高水位，将水由低处输送至高处，并人工开凿水渠引水进入池塘，水池十分辽阔，池中还散布着用沙石堆积而成的沙洲和岛屿。江鸥、海鹤等水禽在沙洲上奔忙穿梭、产卵孵化、喂养雏鸟，一派生机盎然的景象。

园内放养着白鹦鹉、紫鸳鸯、牦牛、青兕（sì，犀牛类兽名）等珍禽异兽，还种植了各种奇树异草。

园林中建筑物的比例也很大，所有房屋都是通过双层阁和长廊回环连接，在里面行走，好长时间都走不完。

袁广汉的宅园有不少地方都超过了皇家宫

---

❶ 北邙山：并非指洛阳北面的邙山，而是指茂陵县的黄山，也叫作始平原，位于陕西兴平市北，是渭北旱塬的一部分。

苑，广受世人称赞。但也是由于过分奢华，引起了贵族们的妒忌，后来袁广汉由此招祸，获罪被杀。他的宅园被朝廷没收，其中的珍禽异兽和奇花异草，都被转移到了皇家园林上林苑内。

对于陵邑豪强的权势、财富，班固在《两都赋》中写过："北眺五陵。名都对郭，邑居相承。英俊之域，绂冕（fú miǎn）所兴。冠盖如云，七相五公。与乎州郡之豪杰，五都之货殖，三选七迁，充奉陵邑。盖以强干弱枝，隆上都而观万国也。"

唐代白居易《琵琶行》中的一句"五陵年少争缠头，一曲红绡（xiāo，丝绸）不知数"，说明在数百年后的唐代，五陵原一带仍不乏纨绔子弟，他们之中有不少是汉代所迁富户豪族的后代。

二、汉代富豪显贵的故事

比起穷奢极欲的帝王、皇子、公主，有些达官显贵、富豪商贾奢侈起来，竟也毫不逊色，他们的有些行为令人瞠目结舌，叹为观止。这里列举几个汉代富豪的故事。

（一）土豪墓主

海昏侯是西汉时期封的爵位，世代承袭，共传4代，一直延续到东汉。第一代海昏侯是昌邑王，即汉废帝刘贺。

刘贺是汉武帝刘彻的孙子、汉昭帝刘弗陵的侄子。公元前88年，他父亲昌邑王刘髆（bó）去世后，年仅5岁的刘贺继承了父亲的封地，成为昌邑王。

公元前74年6月，年仅21岁的汉昭帝突然驾崩，因为没有儿子，国不可一日无君，权臣霍光选中了19岁的刘贺作为继承人。

刘贺在7月继位。可惜好景不长，他仅仅当了27天皇帝，就被霍光以荒淫无度为由，联合皇太后发出诏令废除了。诏令中一共列举了刘贺所做的1127件荒唐事，包括破坏礼制、淫乱后宫、不纳良言等等。

刘贺的这些"光辉事迹"记录在《汉书·霍光金日磾（dī）传》中，有兴趣的朋友可以找来看一看。

可见，刘贺确实相当"能干"，能在短短27天时间内做下1127件荒唐事，平均每天40多件，看来他确实没做什么正事，基本所有时间都在胡闹。

霍光另立卫太子唯一遗孙刘病已为汉宣帝，并且将刘贺原本带到皇宫的官员悉数处决，刘贺从此再无机会称帝了。

刘贺被暂时幽禁于昌邑。不过，此时的昌邑国已被废除。可能是从天堂到地狱的打击太过沉重，据负责监视刘贺的山阳太守张敞报告，没几年的光景，刘贺就几乎成了废人，新皇帝见刘贺已不足为惧，便收了杀心。汉宣帝封他为海昏侯，食邑四千户，海昏侯国形成。

可是，刘贺的厄运并未就此结束。数年后，扬州刺史上奏称，刘贺与故太守卒史孙万世暗自来往，且对现状有不满之意。宣帝发话说："那就削除他食邑三千户吧。"经此打击，刘贺一病不起，不久愤懑而亡，年仅33岁。

刘贺一生中只当了27天皇帝，他死后却得以厚葬，他的陵墓如今已被发掘，是迄今为止我国发现的面积最大、保存最好、墓葬内容最丰富的汉代诸侯陵墓，出土的各类奇珍异宝以及经书典籍，堪称丰富多彩。

海昏侯刘贺墓出土的财富，用"富可敌国"来形容，一点也不为过。墓里出土了超过1万件（套）的金器、青铜器、铁器、玉器、漆木器、简牍、木牍等各类珍贵文物，仅金器就有478件，重量约115公斤。

（二）饿死的首富

邓通，蜀郡南安（今四川省乐山市人）。他出生时，大汉的驿道正好修到他家门口，于是父亲给他起名为"通"。他是汉朝的首富，却因得罪了太子，最终饿死在街头。

邓通因为富可敌国而闻名天下，很多年以后，阳谷县著名媒婆王婆在指点西门庆怎么认识潘金莲时，曾经提到了五个硬指标："潘、驴、邓、小、闲"。

其中的"邓"就是指邓通，是指钱多得跟汉代首富邓通似的。

那么，邓通是怎么致富的呢？主要是靠脸。

邓通少年时是一个船夫，长大之后，到皇宫做了黄头郎，也是管行船的，尽管都是行船，但是在哪里行当然有很大的不同。因为离皇帝近，他凭借出众的颜值，很快成为皇帝的宠臣。

宠到什么地步呢？

汉文帝赐给邓通一座铜山，还允许他铸造铜钱，等于给他开了一家印钞厂。邓通家制作的铜钱因为用料足、质地纯，很快成为最受百姓欢迎的流通货币。

钱都可以自己铸，邓通自然富可敌国。

但有一天，著名女相士许负看了邓通的面相后表示，邓大人现在虽然很有钱，将来可能要饿死啊。

这位许半仙可谓是秦汉第一神嘴，她的预言成真了。

其实，这件事与汉文帝有直接关系。

有一天，汉文帝突然找到太子刘启（也就是未来的汉景帝），指着自己身上的一处疮说："来，替父皇吸一口。"

吸疮非常不卫生，去除脓疮的方式有很多，但古人热衷于这种最原始的办法，把这种行为当作一种测试。比如名将吴起号称爱护士兵，就是因为他愿意给士兵吸脓疮。

刘启愣住了，下意识露出为难的神情。显然，这是一个正常人会有的反应，尽管他是汉文帝的儿子。

汉文帝露出一丝失望，但很快，他用干笑掩盖了失望，示意刘启可以退下了。

刘启不明白，父亲为什么要自己为他吸脓疮呢？

一打听明白了。这天早上汉文帝跟邓通聊天，汉文帝突然问道："这天下谁最爱我呢？"邓通随意答道："应该是太子啊。天下当然是父子情深。"

汉文帝若有所思，随后把刘启叫了进来。

让汉文帝失望的是，儿子并不是最爱他的人，因为儿子不愿意为他吸取脓疮，而另一个人愿意，这个人就是邓通。

也许邓通是无意为之，但在刘启看来，自己是被邓通摆了一道，使得自己在父亲面前丢脸。

汉景帝继位后，毫不手软，立马让邓通下岗，没过两天，又本着"有问题要处理，没有问题制造问题也要处理"的原则，没收了邓通的所有钱财，最终搞得曾经富甲天下的邓通身无分文，只能寄居在别人家里混口饭吃。

史书没有记载邓通是怎么死的，但神算子许负说他是饿死的，那多半就是饿死的。

（三）黄金弹丸

汉武帝刘彻做胶东王的时候，有个伴读叫韩嫣，他们俩感情很深厚。韩嫣这个人特别善于阿谀奉承，深得刘彻喜爱。刘彻当了太子后，更加宠爱他。

据《汉书》记载：韩嫣擅长骑马射箭，汉武帝即位后打算讨伐匈奴，就封韩嫣为上大夫，厚加赏赐，派他专职学习匈奴的兵器用法和排兵布阵。

韩嫣喜欢用金子制作的弹丸在郊外打猎，每次射出弹丸，不见得都能找回来，所以一天下来，丢掉十几颗金弹丸是常有的事。

于是长安城传出民谣——"苦饥寒，逐金丸"。许多小孩看见韩嫣出来打猎，就悄悄在后面尾随。等到韩嫣走后，孩子们蜂拥而上，争相在草丛、石缝等处寻找金弹丸。

不知韩嫣是不是有意，反正他的奢侈行为客观上帮助了饥寒交迫的贫苦百姓。

（四）琼厨金窟

东汉初年，16岁的洛阳首富郭况被任命为黄门侍郎，后升任绵蛮侯、北海相。他富可敌国，资产数以亿计，家中仆人就有400多人。郭况的姐姐郭圣通是光武帝刘秀的第一任皇后，所以说郭家如此富裕与光武帝的恩宠有直接关系。

据《拾遗录》记载：郭况家的器皿大多是用金子打造的，每天家里铸造金器的声音，响彻全城，当时人们常说"郭家不下雨也打雷"，比喻铸造之声太长太久，盛况空前。

郭家庭院里有一座高阁，里面放着衡石，用来称量物品重量，地下室储藏着黄金，整天都有卫士站岗守护。郭家的楼台亭榭上面装饰着夜明珠，白天看似星星，夜晚看如月亮。当时的民谣称："洛阳多钱郭氏室，夜月昼星富难匹。"

郭家受宠的人都使用玉制的器皿盛装食物，即便是不受待见的人也使用金子制作的器皿，所以人称郭家是"琼厨金窟"。

郭况虽然有钱，却胆小怕事，一生小心谨慎，整天闭门谢客，不关心也不干预外界的事情，过着闲适独处的日子。

贾谊故居：
    中国最早的名人故居

湖南长沙贾谊故居

贾谊故居中的长怀井

一、西汉鸿儒：贾谊

贾谊（前200—前168），洛阳（今属河南）人，西汉初年著名政论家、文学家。

贾谊天资聪慧，少年时期就成为大家口中"别人家的孩子"，18岁时因为才华横溢被河南郡守召至门下；3年后被汉文帝召为博士，成为当时汉朝最年轻的博士，后来被文帝升为太中大夫。

身居官场的他，还保留着读书时的那份书生意气，因此受到大臣周勃、灌婴排挤，被外放为长沙王的太傅，所以后人都称他为贾长沙、贾太傅。

3年后，贾谊被文帝召回长安，担任文帝小儿子——梁怀王的太傅。由于后来梁怀王坠马而死，贾谊非常自责，抑郁而亡，年仅33岁。

洛阳才子贾谊，其实是上天赐给汉朝的珍贵礼物。纵观贾谊的一生，虽然受谗言而遭贬，未能登上公卿之位，但对于他具有远见卓识的政论和建议，文帝比较重视，并大致采纳了。贾谊在政治、经济、国防以及社会风气等方面的进步主张，如割地定制、礼治天下，重农抑商、以农为本，儒法结合、瓦解匈奴等措施，不仅在文帝一朝起了作用，更重要的是促进了西汉王朝的长治久安。

贾谊提出的改革方案，虽有利于国家社稷，却损害了王公贵族们的利益，所以自然会被利益受损者反对。春秋时期的管仲也实行过改革，最后成功了，成功的主要原因在于齐桓公的全力支持。但贾谊就没有这么幸运了，虽然他有远见卓识，但此人平时为人做事比较清高，最重要的是，他不懂得隐忍，所以很容易被他人排斥且嫉恨。

贾谊的一生虽然短暂，但是，他在这短暂的一生中，却为中华文化宝库留下了一份珍贵的文化遗产。

贾谊著作主要有散文和辞赋两类，散文的主要文学成就是政论文，评论时政，风格朴实，说理透彻，逻辑严密，气势汹涌，词句铿锵有力，对后代散文影响很大，鲁迅称之为"西汉鸿文"，代表作有《过秦论》《论积贮疏》《治安策》等。

他是骚体赋的代表作家，奠定了汉代骚体赋的基础。他的辞赋都是骚体，形式趋于散体化，是汉赋发展的先声，以《吊屈原赋》《鵩（fú）鸟赋》最为著名。

二、贾谊故居历史沿革

贾谊故居，位于湖南省长沙市太平街太傅里，清末称贾太傅故宅。太傅里原名濯锦坊，相传战国时期大诗人屈原流放期间曾在这里"濯缨"而得名。因为贾谊担任过长沙王太傅，因此这里被称为太傅里。

后人为了纪念他，在他任长沙王太傅时府邸的位置建了一座贾太傅祠。

汉武帝时期，由皇帝敕命修缮贾谊故居，这是对贾谊故居的第一次重修，此后的2000多年里，贾谊故居历经了约64次重修，历代对贾谊故居的修缮均不遗余力，重修贾太傅故宅因此成为当时湖湘官员彰显政绩的标志。

东晋大将陶侃镇守长沙时，曾经住在贾谊故居内。在古代，人们常常将名人建功立业的地方与他的姓氏连在一起称呼，与长沙相关的有三位名人，第一位是屈原——"屈长沙"，第二位是贾谊——"贾长沙"，第三位就是陶侃——"陶长沙"。有意思的是，后两位"长沙"相隔数百年竟然在同一宅子中居住过，实在巧合得很。贾谊故居因此一度被作为陶侃庙。后来，人们为陶侃另立了专祠，贾太傅祠才得以恢复。

贾谊故居中有一口井，相传是由贾谊开凿的，井旁有一张石床，是贾谊当年的原物，吸引了众多文人墨客为之怀念与凭吊。唐代诗人杜甫来长沙后，曾写过一首题为《清明》的诗，里面有"长怀贾傅井依然"之句，后来人们便称这口井为"长怀井"。

唐宋八大家之一的韩愈游长沙时，也曾对长怀井情有独钟，他在《题张十一旅舍三咏·井》中说："贾谊宅中今始见，葛洪山下昔曾窥。寒泉百尺空看影，正是行人渴死时。"

唐朝以后，贾太傅祠又有几次改变，曾经与屈原共同祭祀，因而又有屈贾祠之称。

明朝成化年间，长沙太守钱澍找到贾谊古井，募款修建贾太傅祠，这是贾谊故居第一次以祠宅合一的形制重修。贾太傅祠后面建了一座大观楼，宅前有两块碑石，左右各一块，高约1丈有余，字迹斑驳不可辨认。

清光绪元年（1875），粮储道夏献云、湖南巡抚王文韶重修贾太傅祠，还增建了清湘别墅、怀忠书屋、古雅楼、大观楼等，有廊有园，有假山有水池，于是，贾谊故居就变成了一座非常典雅的园林。在当时的长沙，像这样的园林是很少见的，一时有"园林池馆之胜"的赞誉。湖南巡抚王文韶为其撰写的对联为："故宅重新，喜湘水天涯，依然三载栖迟地；苍生无恙，对夕阳秋草，正与诸君凭吊时。"

清光绪年间重建的太傅祠到20世纪抗日战争之前仍保存完好。《长沙史话》（1980年湖南人民出版社出版）的作者王果曾经亲眼见过那时祠中的情形，书中有这样的记载："长沙大火前，这所故宅的形貌是这样的：中堂悬匾曰治安堂，祠右为清湘别墅，布局古雅，内有佩秋亭，亭侧壁上刻古今人诗词祠记甚多，祠的正中壁上，刻有屈原的像。其前有楼曰大观楼，可供登览。宅内有一个井，传说是贾谊所开凿，后人称为'长怀井'，小而深，上敛下大，像壶的形状，此井一直有石栏围绕，水极清冽，可供饮用。又有一个特制的石床，只有一只脚，据说这是贾谊所坐床，后移置于佩秋亭内。宅前有两块古石碑，左右各一，高为丈许，字迹已剥蚀不可辨认。又有一株大柑树，也说是贾谊所手植，这些文物后来都毁于火。"

1938年抗日战争时期，国民政府以"焦土抗战"为名火烧长沙的事件发生之后，贾谊故居仅存太傅祠、古井、石床和神龛。石床在1958年被盗，直到2017年才在附近被重新发现，搬回到故居内。

1998年长沙市人民政府对贾谊故居进行了大规模修复，现在已基本恢复了原来的规模和格局，是三进明清建筑风格的建筑群，占地1300平方米，建筑面积600平方米，由贾太傅祠（供奉贾谊铜像及其著作）、太傅殿（贾谊生平及思想介绍）、寻秋草堂（文人墨客凭吊贾谊之后，吟诗作画之处）、碑廊（有历代名人咏贾诗21首及明清重修故居碑文5篇）、佩秋亭、古碑亭、长怀井等组成。

贾谊故居被誉为"长沙最古的古迹""湖湘文化源头"，是长沙作为

"屈贾之乡"的标志性文化遗产，是湖南省重点文物保护单位、中国最早的名人故居，拥有现存年代最久且连续使用的古井，其基址考古发掘出金砖、玉器、瓷器、陶器、银元等文物。贾谊故居的历史之悠久、文化内涵之厚重，实属长沙之冠。

三、贾谊与湖湘文化

前文说过，贾谊故居被誉为"湖湘文化源头"。湖湘文化，是长期以来在现今湖南境内形成和发展起来的一种区域文化，与巴蜀文化、齐鲁文化和吴越文化并称四大区域文化。

长沙素有"屈贾之乡"之称，屈原与贾谊都曾被贬至长沙。因此，屈原与贾谊被誉为湖湘文化的开启者。

如果说屈原搭建了以长沙人为代表的湖南人的精神骨架，那么贾谊则让湖南人的精神丰润了起来。

如果说屈原留给湖南人的精神财富是品格高洁、精神自由，那么贾谊留给湖南人的精神财富则是"心忧天下之安危，忘我而不负国家"。

西汉时期的长沙国，主要在今湖南地区，是南蛮之地，是气候潮湿、文化落后、民风彪悍的诸侯封国。长沙王太傅一职，职责是辅佐长沙王，并无行政权力。洛阳才子贾谊从朝廷公卿人选，跌落为诸侯王太傅，身份落差非常大。

贾谊被贬到长沙，从文化高度发达的地区来到这个蛮荒之地，自然怀有一种俯视的眼光，敢于批评与指点。这种高度是当时长沙本地人所不具备的。因而，我们发现，直至今天，引领长沙人精神指向的人，都是从较为发达的文明地区中来到长沙的，他们的开阔眼界和世界情怀，具有天然的吸引力。

贾谊不像屈原有皇家血脉，无所谓对皇室的忠诚，他关注的是对国家的绝对忠诚。作为一位政治家，他的政治才华体现在他的治国政论文章之中。他的《过秦论》对秦朝的失败进行了系统的分析；他的《治安策》对朝廷的治国方略进行了批判，并提出了相应对策和补救措施，为西汉的治国方略奠定了基础，这个政策一直影响了后代的汉景帝、汉武帝……他的思想也对长沙人形成敢发前人之所未发、敢做前人之所未做的勇猛、担当精神产生了较大影响。清嘉庆年间湖南巡抚左辅写过一首对联称赞贾谊："亲不负楚，疏不负梁，爱国忠君真气节；骚可为经，策可为史，惊天行地大文章。"

他将民本思想作为治国策略的精要，重视农业生产和民主选拔官吏，使长沙人逐渐形成了对好官吏的评判标准：亲民、勤勉、正派、作风民主。

贾谊虽然英年早逝，但他开创的湖湘文化让湖南这片土地步入了蓬勃发展的进程。

例如，在园林领域，湖湘地区在"经世致用""实事求是""百折不挠""兼收并蓄""敢为人先"的湖湘文化基础上生成了自身独特的园林景观符号、语义及场景，形成了湖湘园林体系，主要有王室园林（经世致用）、贬官园林（百折不挠）、书院园林（敢为人先）、文庙园林（实事求是）、土司园林（兼收并蓄）五大园林类型。

在地域性特征上，湘中北的王室园林寄忧思于亭台间，既恢宏富丽又灵秀婉约；湘南的贬官园林寄隐逸思想于潇湘山水间，以园入画，以画筑园，又以园言志；湘西的土司园林结合峻山奇水，汲取巫傩（nuó，古代祭神舞蹈）文化，呈现出浓厚的自然崇拜色彩。

可见，作为湖湘文化现实载体的湖湘园林，是我国园林文化遗产的重要组成部分。

第十讲 梁冀菟园：
东汉第一巨贪的私园

清·冷枚《梧桐双兔图》

一、梁冀：东汉第一巨贪

说起中国历史上最为著名的贪官，想必大家第一时间都会想到和珅。在嘉庆皇帝上台之后，朝廷从和珅家中抄出的家产惊人，其中有赤金18万两，现银600多万两，此外，还有大量的珠宝玉器、房产、地产和奴仆。

不过与东汉第一巨贪梁冀相比，和珅简直是小巫见大巫。

梁冀一生不仅贪污了30多亿银钱，并且还将当时朝廷上的300多位官员全部拖下水。

梁冀（？—159），安定郡乌氏县（今宁夏回族自治区固原市东南）人。他是东汉时期赫赫有名的外戚、奸臣。

梁冀是东汉顺烈皇后梁妠（nàn）的哥哥，梁妠被汉顺帝刘保封为皇后之后，梁家的地位自然水涨船高，梁冀被任命为黄门侍郎、河南尹。

汉顺帝永和六年（141），梁冀接替父亲梁商任大将军，袭爵乘氏侯。后来汉顺帝驾崩，梁妠成了皇太后，梁氏兄妹便开始把持朝政。他们先立2岁的刘炳为帝，不久刘炳病死，他们又立8岁的刘缵（zuǎn）为帝，就是汉质帝。

汉质帝十分聪慧，看不惯梁冀的骄横，也知道他有不臣之心，曾对人说："此跋扈将军也！"梁冀知道后大怒，用毒饼将小皇帝毒死，可怜质帝在位时间只有1年多。

朝中正直的大臣要求立人气最高的清河王刘蒜为帝，梁氏兄妹拒绝。恰好，宗室子弟刘志要迎娶他们的妹妹梁女莹，人都已到洛阳城外，梁氏兄妹就决定让他登基。于是，15岁的刘志稀里糊涂就成了汉桓帝。

这时候，梁冀的权势已达巅峰，东汉成了梁氏的天下，梁氏兄妹把持朝政近20年。他的原则是"顺我者昌，逆我者亡"，一言不合就诛杀朝中大臣，连皇帝也得看他的眼色行事。

梁冀掌权之后，不仅独断专行，成了一代权臣，其凶狠残暴更是远胜以往；除了结党营私，任人唯亲外，更是贪得无厌，食邑多达3万户，府中所敛财物数不胜数。为了专权和敛财，他将当时不少豪门和富商都抄家灭族。

梁冀的捞钱手段可以说是非常残忍和恶毒。当时有一位名叫士孙奋的富豪，虽然富有但是却一毛不拔，于是梁冀就故意向他借5000万银钱，但是士孙奋却只借给他3000万银钱。梁冀十分恼怒，于是捏造罪名将士孙奋一家全部抓起来，并且将他的1亿多银钱的家产全部没收。

在当时，四方朝贡的物品，梁冀使用的是头等的，而皇帝只能用次等的，可见当时就连皇帝都得让他三分。

不过随着汉桓帝不断长大，对于这个嚣张跋扈的外戚，他也恨在心里，于是准备找个借口将他除掉。为了不再当梁冀的傀儡，重振朝纲，桓帝与宦官单超、左倌等秘密商量，在厕所里制订出行动计划，随即命令中常侍率领御林军1000多人包围梁冀的府邸，没收了大将军印绶。

一生贪得无厌、横行霸道的梁冀一见这情势，吓得六神无主，自知死期已至，在一阵哀鸣中与老妻孙寿双双服毒自杀。

随后，桓帝下诏，对梁冀的家产进行了彻底清抄，结果抄出30多万绢（即30多亿银钱）。这大致相当于汉桓帝朝全国一年租税的一半。由此可见梁冀贪婪到了何等程度。

不可一世的梁大将军一死，其狐朋狗党也穷途末路了，有的被处死刑，有的被废为平民，牵连被杀的公卿大臣好几十人，被罢免的300多人，朝廷上下顿时为之一空，可以说他的影响力远超过了和珅，并且在贪污数额上也有过之而无不及。

二、梁冀夫妻的园林轶事

历史上很难听到夫妻俩同时掌权，为祸一方的，而东汉大将军梁冀和他的妻子孙寿，就是这样一对祸国殃民的夫妻。

梁冀身世显赫，为人飞扬跋扈，操纵皇帝于股掌之间，但他却是一个典型的"妻管严"，十分惧怕妻子孙寿。

孙寿可谓是历史上首位"美妆达人"，她也的确不负这个称号。她自创了一套装扮——"愁眉、啼妆、堕马髻、折腰步、龋齿笑"。

愁眉，就是细细弯弯的眉毛。

啼妆，就是在眼睛下面抹上一层鲜红的胭脂，看起来像刚哭过一样，显得楚楚动人。

堕马髻，就是把头发盘成结，放在脑袋一侧。

折腰步，就是走路的时候，腰不能直着，一定要往两边扭，也就是现在模特走的"猫步"。

龋齿笑，就是好像牙疼一样，笑的时候不能笑得太开。

由于当时孙寿是个身份地位很高的"流量大咖"，这套装扮很快流行起来，全国上下的女子都在模仿。

然而，在美丽的外表之下，她的内心却无比阴毒。她与丈夫梁冀狼狈为奸，为非作歹，贪赃枉法，奢靡无度。

梁冀与孙寿在京城洛阳最繁华的大街两边，相对各自建起了富丽堂皇的府第，互相比赛谁最会享乐。

据史书记载，高大的房舍建有宽阔的寝室，各房互相通连；墙壁和柱子上，雕镂着精巧的花纹，外面涂上铜漆，光可照人；大小不等、形式各异的窗棂上，也雕着云气、仙灵等装饰。众多的楼台殿阁，有回廊相通，可以互相眺望。凌空飞架的长桥，连接着一个又一个的建筑群，桥下是潺潺的清流。各种奇珍异宝、外邦贡品，堆满了仓库，马厩中还有产自西域的汗血宝马。

同时，府中兴建了很多园林，挖土筑山，在10里之内筑起了9座山体，模仿东西崤山的走势，山中有大片森林和险峻的溪涧，有如天然而成，各种珍禽异兽游走其中，怡然自得。

梁冀和孙寿经常共同乘坐一辆华丽无比的车辇，车上撑着金银装饰的羽毛伞盖，在园内巡回游玩。车前车后，围绕着一群打扮得花枝招展的婢女，有的吹奏乐器，有的唱歌，有的翩翩起舞，时常夜以继日地狂欢。

尽管如此富贵淫乐，梁冀仍不满足，他还要兴建更大的园林，享受与皇帝同等的待遇。

于是，他凭借外戚的势力大圈土地，东自荥阳（今河南荥阳西），西至弘农（今河南灵宝），南起鲁阳（今河南鲁山），北达河淇（今河南淇县），方圆千里的区域，全成了梁家的园林，园内小桥流水，林木葱茏，鸟语花香，曲径通幽，如同仙境一般。

梁冀喜欢兔子，于是他在河南城（今洛阳）以西兴建了菟园，面积方圆几十里，还征调属县的工匠，在里面修建了各种建筑物，修建了好几年才初具规模。

他又下令各地交纳活兔，把这些兔子的毛剪掉一些做记号，然后放入园中。如果有人捕捉或杀死园中的兔子，就算犯罪，轻者判刑，重者处死。曾有一个西域胡商在途经菟园时误杀了一只兔子，牵连被杀的就有10多人。

梁冀还在城西另外兴建了一处庄园，专门用来收罗、眷养打家劫舍的强盗和刺客，以供自己驱使。在他家里，有好几千名奴婢，都是强行掳掠来的百姓。他还给这些人起了个名字——"自卖人"。意思就是说，他们都是"自愿"卖给梁家的。

三、汉代著名外戚

外戚指的是皇帝母亲或者妻子（皇后）方面的亲戚，在历朝历代都有外戚的存在，而且由于是亲戚，所以更容易受到重用。

在历代王朝之中，汉朝的外戚是最有名的。汉朝有6位著名外戚，除了上文提到的梁冀，还有以下5人。

（一）卫青

卫青是汉武帝皇后卫子夫的弟弟，虽然出身贫寒，但有天分，加上够努力，在得到汉武帝赏识之后，很快便崛起了。

公元前129年，匈奴侵犯大汉边境，汉武帝命卫青与公孙敖、公孙贺及李广兵分四路去抵挡，结果只有第一次领兵的卫青大获全胜。

卫青果敢冷静，率军深入险境，直捣匈奴祭天圣地龙城，并在龙城之战中，俘虏敌兵700余人；此战之后，卫青便开始长期率军北伐匈奴。

卫青一生与匈奴大战过7次，七战七捷，尤其是最后一次的漠北之战。卫青在人数和形势都不占上风的情况下，冷静沉着地指挥士卒抵挡匈奴军的进攻，并借助天气变化率军反攻，最终一举击溃匈奴主力，取得漠北之战的胜利。

卫青后来虽然位极人臣，但坚决不结党营私，在病逝之后，汉武帝给他赐的谥号是"烈"，赞许他"以武立功，秉德尊业"。

（二）霍去病

霍去病是汉武帝皇后卫子夫的外甥，霍去病在少年时代就善骑射，深得汉武帝的喜爱，还曾想亲自教授霍去病《孙子兵法》。

霍去病17岁时就上了战场，两次跟随舅舅卫青在漠南抗击匈奴，因为作战勇猛，两次都功冠全军，故而被汉武帝封为"冠军侯"。他19岁时，被汉武帝任命为骠骑将军，开始独立领兵与匈奴作战。

霍去病用兵灵活，注重方略，不拘古法，善于长途奔袭、快速突袭和大迂回、大穿插、歼灭战。在他所指挥的两次河西之战中，歼灭和招降河西匈奴近10万人。这是华夏政权第一次占领河西走廊，从此，丝绸之路得以开辟。

在漠北之战中，霍去病与卫青共同率军，消灭匈奴左贤王部主力7万余人，战后被封为大司马骠骑将军，与大司马大将军卫青同掌军政。

（三）霍光

霍光是大司马骠骑将军霍去病同父异母的弟弟，在霍去病的帮助下涉足官场，让世人没想到的是，霍光竟然也是个人才。

他深得汉武帝信任，汉武帝在去世前，曾令宫中画师画了一幅《周公辅成王朝诸侯图》赐给霍光，暗示他准备辅政。汉武帝在临终之时，明确指定霍光为大司马大将军，和金日磾（dī）、上官桀、桑弘羊一同辅佐时年8岁的汉昭帝。

汉昭帝去世后，霍光拥立昌邑王刘贺登基，后又废黜；之后拥护汉宣帝刘询即位，他掌权摄政，权倾朝野，他的女儿是汉宣帝的第二任皇后。

霍光的能力无可置疑，可以说汉朝历史上最鼎盛的"昭宣中兴"就是霍光一手打造出来的。

霍光去世后，陪葬于汉武帝茂陵，葬礼按照开国第一功臣萧何的标准举行，并名列"麒麟阁十一功臣"首位。

（四）王莽

在西汉末年，王氏家族就已经成为当时权倾朝野的外戚世家，王家先后有9人封侯，5人担任大司马，是西汉一代中最显贵的家族之一。

如此显赫的家族，族中子弟们的生活那是相当的侈靡，整日声色犬马，互相攀比；而王莽在当时就显得非常的另类，不仅勤俭简朴，谦恭好学，还拜入当时的大师陈参门下学习《仪礼》，因而成为世人眼中的道德楷模，很快声名远播。

有这么一重身份做背书，王莽踏足官场是在情理之中的，而且很快便升任大司马；而后他又诛杀外戚卫氏家族、敬武公主、梁王刘立等政敌，拥立长女王嬿（yàn）为孝平皇后，被加封宰相，位在诸侯王之上。

不过这一切都只不过是王莽虚伪的面具而已，他真正想做的是成为皇帝。公元9年，他推翻了汉朝，建立了新朝；但新朝并没有维持多久，便被起义军推翻，而他也死于乱军之中。

（五）窦宪

窦宪是东汉开国名将大司空窦融的曾孙，后来他的妹妹被汉章帝立为皇后，窦家因此更加显贵。

凭借外戚的身份，窦宪的气焰十分嚣张，除了欺压百姓和普通豪强外，就连公主的园田他都敢抢夺。但由于后来派人刺杀妹妹窦太后❶的宠臣——都乡侯刘畅，而且还嫁祸给刘畅的弟弟刘刚，使得窦太后大怒，要派人严惩窦宪。窦宪自知惹怒太后，恐难保全，于是请求出击匈奴，以赎死罪。

❶ 在整个汉朝的历史中，总共有三位窦太后，最著名的是汉文帝的皇后、汉景帝的生母窦漪房（史称孝文窦皇后），她的故事前文提到过；另外两位分别是汉章帝的皇后、汉和帝的嫡母窦太后（名不详，史称章德窦皇后），以及汉桓帝的皇后、汉灵帝的嫡母窦妙（史称桓思窦皇后）。这里说的就是第二位。

虽然窦宪在朝中骄横跋扈、肆意妄为，但不得不说，他是一名天才级的名将。

当时虽南匈奴已归顺汉朝，但北匈奴依然和汉朝为敌，而且北匈奴的实力很强。正好南匈奴请求汉朝出兵讨伐北匈奴，窦太后也不想真的处罚这个亲哥哥，于是就让窦宪挂帅出征了。

没想到窦宪率军在稽洛山大败北匈奴，歼敌13000多人，俘虏无数；又率军大破北匈奴主力，还俘虏了北匈奴太后。

不过，后来因为窦宪暗存不轨之心，被汉和帝逮捕后赐死。

第十一讲 笪家园：
苏州最早的私家园林

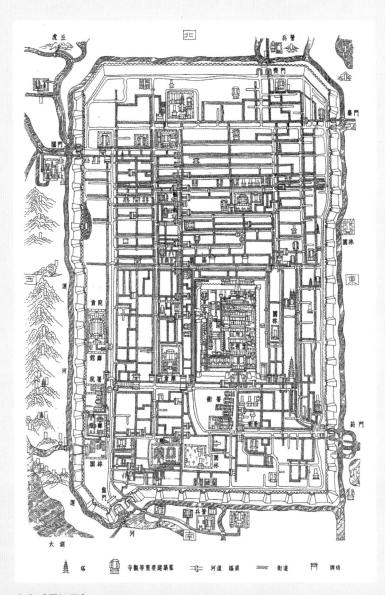

南宋《平江图》

一、佛与魔的结合体：笮融

苏州是举世闻名的园林城市，早在东汉时期，在今天平江路保吉利桥南，就出现了苏州园林史上最早的私家园林——笮（zé）家园，园主笮融是当时颇有权势的人物。虽然此园早已了无踪影，但园名却流传了1700多年，由此可以想见当年园林的规模和影响力。

笮融（？—195），丹杨郡（治所在今安徽宣城）人，东汉末年豪强，生性残暴却笃信佛教，为佛教在中国的发展做出了很大贡献。

笮融最初在徐州刺史陶谦手下任职，督管下邳、彭城、广陵三郡运粮。他将其中大量物资占为己有，累积财力，并在徐州一带大规模崇佛，修建豪华佛寺，铸造金铜大佛，并举行浴佛会，招揽信徒万余人。其崇佛活动奠定了中国大型佛事活动的基础。

东汉初平四年（193），曹操攻打徐州时，笮融率众出逃，先后投奔广陵太守赵昱、彭城相薛礼、豫章太守朱皓，并将这些救命恩人残忍杀害，扬州刺史刘繇（yóu）因此兴兵讨伐笮融。笮融兵败后逃入深山，由于当地山民同样对他恨之入骨，便联手搜捕、杀死笮融，并将他的首级献给刘繇。

笮融虽然手段残暴、臭名昭著，但在中国佛教发展史上，笮融可谓是个响当当的人物，他在下邳所建的浮屠寺、九镜塔在佛教史上具有举足轻重的地位。

初平四年，笮融花巨资在下邳城南修造浮屠寺，里面供奉的佛像用黄金塑身，披着锦彩的袈裟，是我国文献上有关佛像铸造的最早记载。寺内还有一座塔，上有金盘，下有重楼，塔为九层八角，每层都有飞檐，每面镶有铜镜，塔顶也有一面铜镜朝天，称为"九镜塔"。

据说，浮屠寺佛堂内可容纳3000多人诵读佛经；每到浴佛会时，还在路旁设置几十里长的宴席，摆放酒饭供人随意食用，来参观、拜佛的百姓达万人之多。由此可见，当时铺排之奢华、场面之宏大、气势之雄伟的确举世无双，对佛教的宣扬起到了积极的作用。

笮融在下邳所做的各项佛事，无意中成了中国佛教发展史上具有彪炳性的功业。他在境内接收佛教人士，免除佛教信徒的徭役赋税，也成为以后历代官方支持佛教的举措之一。

他的这些活动使徐州下邳在此后很长一段时间内，始终是我国的佛教重镇之一。

二、笮家园与苏州平江路

史书上关于笮融在苏州所建的私家园林——"笮家园"的记述只有只言片语。据清代同治《苏州府志》及清代顾震涛所著《吴门表隐》记载："笮家园，在保吉利桥南，古名笮里，吴大夫笮融居所。"

保吉利桥，始建于宋代，横跨平江河，东西连接白塔东路，桥南北两侧即为平江路。它是游客走进平江历史街区的重要入口。

1800多年后，同时拥有佛性和魔性的笮融早已逝去，笮家园早就消失不见，成为湮灭于历史尘埃中的一个名字。而从笮家园衍生出来的平江路却成了苏州城的一张名片。

据清道光年间《吴门表隐》一书记载，平江路古称"十泉里"，因沿线有十口古井而得名。宋时苏州称"平江"，平江路之名即源于此。平江路南起干将东路，北越白塔东路和东北街相接，是平江历史街区的主要道路，其西侧的平江河是城内主干河道"三横四直"之第四直河。

绘刻于南宋绍定二年（1229）的《平江图》碑，真实、直观地反映了当时苏州城的格局和规模，对全面认识苏州古城的历史面貌具有不可替代的价值。从南宋《平江图》上可以看到，早在宋代，平江路就已经是城东地区一条南北向的主干道，和其相邻的平江河是城东地区的重要河道。

对照《平江图》，可以清晰地看到如今平江路及其周边历史街区内现存的街巷、河道、桥梁和《平江图》的标示大体上是一致的。由此可见，这一区域近800年来基本保持、延续了唐宋以来的城坊格局，是苏州古城内迄今保存最为完整的一个区域，堪称古城的缩影。

清乾隆十年（1745）绘制的《姑苏城图》上标有"平江路"字样，这是现存古地图上首次出现"平江路"这一路名，并一直沿用至今。

平江河流淌于平江路的一侧。这是苏州城内最古老的河道之一。宋代苏州城内河道总长度约82千米，分布密度为6千米每平方千米。清代以来，河道渐渐减少。目前，苏州城内河道总长约35千米，每平方千米有河道2.5千米。

平江路在0.4平方千米的核心保护区范围内却有约3千米的河道，是目前苏州城内河道分布密度最高的街区，也是古城内水道体系干、支河网结构的唯一遗存，基本上保持了《平江图》所标示的河桥分布和水道陆衢的原貌，对于以水乡特色而闻名于世的苏州古城来说，其价值是不言而喻的。

"一条平江路，半座姑苏城。"全长1600多米的平江路，既呈现了古城双棋盘格局的特色，又保存了众多的文物古迹和历史遗存，保存了大量的历史文化信息，是古城内一宗宝贵的文化遗产。

在平江路及两侧支巷组成的面积不大的范围内，集中了世界文化遗产1处（耦园）、全国重点文物保护单位3处（包含1处世界文化遗产）、省级文物保护单位2处、市级文物保护单位14处、市控制保护建筑45处、文物登录点202处，被称为"没有围墙的江南文化博物馆"。这些文物古迹，犹如一颗颗璀璨夺目的明珠，折射出古城历史文化的光华。

三、苏州园林的前世今生

"上有天堂，下有苏杭"，苏州素有"园林之城"的美誉，苏州园林荟萃了文学、美学、绘画、书法、雕刻、建筑及园艺等各门艺术，代表了精致细腻的士大夫文化，艺术格调超俗，成为中国古典园林艺术的精粹。

苏州园林起源于春秋，发展于晋唐五代，繁荣于两宋，全盛于明清，与建城2500余年的苏州古城——阖闾城基本同步产生。

最早的苏州园林，是春秋末期吴王的"姑苏台""馆娃宫""梧桐园"等诸侯宫苑；东汉吴大夫笮融的"笮家园"，开启了贵族私家园林之先河；而东晋名士顾辟疆的"辟疆园"，则为士人园林的发端。

总的来说，苏州园林以小巧、自然、精致、淡雅、写意见长。

现在能见到的有关苏州园林的最早记载，是唐人陆广微在《吴地记》中记载的吴王寿梦的"夏驾湖"。

据后人考证，夏驾湖位于今天苏州城内吴趋坊一带。当年寿梦为了盛夏避暑纳凉，在此挖湖、建苑囿。吴王阖闾建都之后，夏驾湖又在原来基础上增建了离宫别馆，作为阖闾、夫差两代君王的游乐之所。此后，长洲苑、姑苏台、馆娃宫纷纷建成。

可以说，从寿梦崛起于东南到夫差身死国亡的百余年间，诸侯园林的营造活动几乎未曾停歇。尤其是阖闾、夫差两代君王，在吴城内外的建设更为频繁。据史料统计，在阖闾建都之后的40多年间，吴城附近先后兴建的苑囿多达30余处。

吴国灭亡后，这些苑囿历经战乱烽火，多荒芜破败，渐渐消失。直到东汉与两晋六朝，才出现了有别于王室苑囿的私家园林。

已知苏州最早的私家园林，是东汉末期笮融所建的"笮家园"。

东晋时期的"辟疆园"，以竹树、怪石而闻名于当时，是追求自然的造园实践中最成功的一个实例。此后，还有"戴颙园"，也以风光自然而闻名远近。

六朝以后，士族南下，苏州私家园林渐趋兴盛，造园艺术也有了新的发展。随着佛教文化的传播，寺庙建筑也大量出现，仅梁武帝萧衍在位的48年间，苏州兴建的寺庙就有32处之多，寒山寺、灵岩寺、光福寺等都是在此时建造的。

从此，造园活动几乎一直绵延不绝。尤其是从隋唐开始，历代都有许多文人、官宦因向往苏州的山水秀丽、物产丰富、经济繁荣而到此定居，从而带动了当地园林建设的发展。

五代时期，苏州已经是全国最富庶的地区之一，造园活动十分兴盛。吴越武肃王钱镠第六子钱元璙曾任苏州刺史30年，他最喜欢建造园林，他在苏州兴建的"南园"规模宏大，是当时最大的园林。当时的统治者不仅广造园林，还大力提倡佛教，兴建了虎丘的云岩寺、北寺、开元寺等著名寺庙。

宋代时期苏州经济愈加繁荣，造园活动更是盛极一时。当时苏舜钦的沧浪亭、史正志的万卷堂（网师园的前身）、蒋希鲁的隐园、姚淳建造的园林，都是非常出色的。

元末在苏州称王的张士诚建造了锦春园，里面有假山池塘、亭台楼阁。元代至正二年（1342），天如禅师邀请著名画家倪瓒共同设计建造了狮林禅寺，即"狮子林"，以假山著称，院内石峰林立，玲珑隽秀，山峦起伏，气势磅礴，有"假山王国"之称。

明清两代，苏州的造园活动出现新的高峰。据《苏州府志》记载，明代苏州园林有271处，著名的有留园、拙政园、五峰园、艺圃等，尤以拙政园和留园极负盛名。清代苏州园林有131处，其中，环秀山庄的假山别具一格。

现存的苏州古典园林大部分是明清时期建造的。2015—2018年，苏州市政府先后公布了4批《苏州园林名录》，共有108座园林被列入名录。

其中，拙政园、留园、网师园、环秀山庄、沧浪亭、狮子林、耦园、艺圃和退思园，因其精美卓绝的造园艺术和个性鲜明的艺术特点，被联合国教科文组织列为"世界文化遗产"。

第二篇

名胜与园林

第十二讲　秦砖汉瓦：
见证秦汉宫殿的辉煌

秦汉画像砖拓片与瓦当

西安秦砖汉瓦博物馆内陈列的瓦当

一、秦砖汉瓦：秦汉文化的符号

最能代表秦汉时期古园林和古建筑特色的，非"秦砖汉瓦"莫属。

所谓"秦砖汉瓦"，并不是专指"秦朝的砖、汉代的瓦"，而是后世为纪念和说明这一时期建筑装饰的辉煌和鼎盛，而对这一时期砖、瓦的统称，现在通常用来形容具有中华传统文化风格的古建筑。

"秦砖汉瓦"，是华夏文明宝库中一颗璀璨的明珠，那些华丽精美的文字、舒展流畅的云纹、丰富奇特的动物形象，让人叹服于古人精湛的制作工艺。其纹饰内容丰富多变，题材广泛，涉及自然、生态、神话、图腾、历史、宫廷、官署、陵寝、地名、吉语、民俗、姓氏等，反映了当时丰富的自然景观、人文美学、政治内容和历史文化，极具艺术欣赏和文化研究价值。

中国建筑陶器的烧造和使用，始于商代早期，最早的建筑陶器是陶水管。到西周初期，又创造出了板瓦、筒瓦等建筑陶器。

秦始皇统一中国，结束了诸侯混战的局面，各地区、各民族得到了广泛交流，中华民族的经济、文化迅速发展。到了汉代，社会生产力又有了长足的发展，手工业的发展突飞猛进。所以秦汉时期制陶业的生产规模、烧造技术、数量和质量，都超过了以往任何时代。秦汉时期建筑用陶在制陶业中占有重要位置，其中最富有特色的当属画像砖和各种纹饰的瓦当。

二、画像砖：尽显秦汉生活百态

画像砖是用拍印和模印方法制成的图像砖。

作为古代民间工艺美术的一朵奇葩，画像砖艺术在战国晚期至宋元时期的古代园林与建筑艺术中持续开放了十四五个世纪之久。其间，朝代更迭，人世沧桑，社会面貌和意识形态都发生了巨大变化。迄今发现的数千块画像砖不仅形象真实地记录和反映了这一变化，而且将这一种古老的民间工艺美术的发展历程生动地展现在我们面前。

画像砖起源于战国时期，盛行于两汉，多在墓室中构成壁画，有的则用在宫殿建筑上。

在秦都咸阳宫殿建筑遗址，以及陕西临潼、凤翔等地发现了众多的秦代画像砖和铺地青砖。

秦代的砖质地坚硬，素有"铅砖"的美誉，一是说它有金属之声，二是说它像金属一样坚硬、沉重。当时秦国国力强盛、法律严苛，建造宫殿的砖用料和制作标准都非常高。做砖的土先要经过层层过滤，让它毫无杂质，然后再经过反复沉淀、煅烧，才能做出质地极为细密、坚硬的砖。流传到现在的秦砖非常少，据说敲击秦砖时"其声如磬"，十分清脆悦耳，是"会唱歌的砖头"。

至于秦砖的特征，除铺地青砖为素面外，大多数砖面都有纹饰，包括米格纹、太阳纹、平行线纹、小方格纹等图案，以及游猎和宴客等画面；还有用于台阶或壁面的龙纹、凤纹和几何形纹的空心砖。有的秦砖上刻有文字，字体瘦劲古朴，这种古砖十分少见。

秦代最了不起的是万里长城的修筑工程。据《史记·蒙恬列传》记载："秦已并天下，乃使蒙恬将三十万众，北逐戎狄，收河南。筑长城，因地形，用制险塞，起临洮，至辽东，延袤万余里。"在崇山峻岭的顶端，筑起雄伟浩迈、气壮山河的万里长城，其工程之宏大、用砖之多，举世罕见。

空心砖，是盛行于战国至秦汉时期的巨型建筑材料，上面大都饰有图案，多是几何图案、动物图案以及历史或神话故事。它是战国时代中原地区劳动人民的一项创造，通常被用于建造宫殿、官署或陵园建筑。

秦代的龙纹空心砖，图案采用模印工艺，在其正面、上侧和右侧三面均有图案。正面及上侧面中央饰二龙壁纹，上下两边附有凤鸟和灵芝，右侧饰走龙一条。整个图案满幅填实，不留空白，显得丰满朴实。龙凤的形象，庄严神秘，气势雄浑，具有秦汉艺术品的特有气质。

到西汉时期，空心砖的制作又有了新的发展，砖面上的纹饰图案题材广泛、构图简练、形象生动、线条刚劲。这种画像空心砖，主要集中在中原地区，画像内容十分丰富，包括阙门建筑、各种人物、宴饮、杂技、乐舞、车马、狩猎、驯兽、击刺、神话故事、生产活动等，多达

40余种。这些富有艺术价值的陶质工艺品，为我们研究汉代的社会面貌及绘画艺术提供了形象的实物资料。

到东汉初期，画像空心砖的应用从中原地区扩展到四川一带，中原地区画像空心砖墓到东汉后期被小砖所替代，而四川则延续到蜀汉时期。这一时期的画像砖内容更为丰富，有反映各种生产活动的播种、收割、舂米、酿造、盐井、探矿、桑园等，有描写社会风俗的市集、宴乐、游戏、舞蹈、杂技、贵族家庭生活等，还有车骑出行、阙观及神话故事等。这些画像砖是当时社会生活、生产的真实写照，在历史文化、科学研究及工艺美术上有重大价值。

三、瓦当：绽放秦汉艺术魅力

建筑用瓦有筒瓦和板瓦两种，其制作方法是先用泥条盘筑成类似陶水管的圆筒形瓦坯，再切割成两个半圆形筒瓦；如果切割成三等份，就成为板瓦。瓦坯制成后，在筒瓦前端再安上圆形或半圆形瓦当。

这种筒瓦和板瓦的烧造大约起源于西周时期，在陕西扶风、岐山一带的西周宫殿建筑遗址中大量出土，它反映了中国古代劳动人民在建筑用陶上的伟大创造，开创了瓦顶房屋建筑的先河。

瓦当，就是筒瓦之头，主要起保护屋檐不被风雨侵蚀的作用；同时又富有装饰效果，使建筑更加绚丽辉煌。在战国时期，瓦当的形式是半圆形；到秦代，瓦当由半圆形发展为圆形。

瓦当的造型千姿百态，它不仅是绘画和雕刻相结合的艺术品，也是实用性与美观性相结合的产物，在古建筑上起着锦上添花的作用。瓦当不仅给人以美的艺术享受，同时也是考古学中判断年代的重要实物资料。此外，瓦当还是研究中国书法、篆刻、绘画等艺术的宝贵资料，对研究中国古代各个时期的政治、经济、文化等具有一定的参考价值。

瓦当有着强烈的时代特色。

秦代瓦当，绝大多数为圆形带纹饰，纹样主要有动物纹、植物纹和云纹三种。动物纹有奔鹿纹、立鸟纹、豹纹和昆虫纹等。植物纹有叶纹、莲瓣纹和葵花纹。云纹瓦当的图案结构，基本上是用弦纹分为两圈，外圈四等分，里面填以各种云纹，内圈则饰以方格纹、网纹、点纹、四叶纹或树叶纹等。这种云纹瓦当汉代一直沿用，但汉代的纹样比秦代粗一些。

秦代的文字瓦当非常少，字体多是典型的小篆书体，款式也比较固定，图案少见，如秦孝公的羽阳宫屋顶上有"羽阳千秋"文字瓦当。

汉代瓦当制作非常兴盛，纹饰更为精美，画面仪态生动。从装饰形式看，汉代瓦当主要分为以下几类。

（一）云纹瓦当

这种瓦当一般在圆形上做四等分，各饰一个云纹。其变化比较多，或四面对称，中间以直线相隔，形成曲线与直线的对比；或作同向旋转，富有节奏感。

（二）动、植物纹瓦当

这种瓦当主要饰有鹿纹、鱼纹、燕纹、龟纹、豹纹、马纹、鹤纹、玉兔纹、花叶纹等。

（三）四神纹瓦当

这类瓦当上饰有四神纹，四神即青龙、白虎、朱雀、玄武。汉代人认为四神具有辟邪、求福的精神功能，因此，四神纹瓦当在汉代极为流行。汉代四神纹瓦当，在圆形构图中表现各种神兽形象，非常生动自然，刚健有力，是图案设计中的精品。

（四）文字瓦当

汉代瓦当中，以文字瓦当的数量最大，这类瓦当巧妙地用文字作为装饰，字体有小篆、鸟虫篆、隶书、真书等，布局疏密有致、章法茂美、质朴醇厚，表现出独特的中国文字之美。

汉代文字瓦当集中分布于关中地区，其年代绝大多数在武帝至新莽时期，以圆形瓦当为常见，也有少数半圆形瓦当。

文字瓦当有纯文字的，也有文字结合图案及花草动物图形的。字数有一字的，如"卫""关"；二字的，如"千秋"；三字的，如"甲天下"；四字瓦当数量最多，如"六畜蕃息"；五字的，如"延寿长相思""八凤寿存当"；六字的，如"千金宜富贵当""千秋万岁富贵"；七字的，如"长乐毋极常安居""千秋利君长延年"；八字的，如"千秋万岁与地毋极"；九字的，如"延寿万岁常与天久长""长乐未央延年永寿昌"；十字的，如"天子千秋万岁长乐未央"；十二字的，如"天地相方与民世世永安中正"；等等，不一而足。

文字瓦当内容丰富，文辞多为祈福的吉祥语，如"千秋万岁""长生无极""长乐未央""长生未央""延年益寿""万寿无疆""与华相宜""永受嘉福"等；还有刻有宫苑、陵墓、仓库、私宅等名号的瓦当，如"上林""成山""貌宫""鼎湖延寿宫""长陵西当""冢上""华仓"等；还有刻有官职名称的瓦当，如"都司空瓦""右将""上林农官"等；还有一些纪事类瓦当，如"汉并天下""维天降灵延元万年天下康宁"等。

最有意思的一个瓦当，上面刻了"盗瓦者死"四个字，难道古代还有偷瓦贼吗？其实这块瓦当是人死后地下宫殿的陪葬品，是古墓出土的文物，它谐音"盗挖者死"，是对盗墓者的诅咒。

第十三讲　秦皇缆船石：
杭州最早的地标

南宋画院《西湖繁胜全景图》(局部)

杭州宝石山麓大石佛

一、大禹与"杭州"名称的来历

杭州是华夏文明的发祥地、中国著名的七大古都之一，以"东南名郡"著称于世。跨湖桥遗址的发掘结果表明，早在8000多年前，就有人类在此繁衍生息。距今5000多年前的良渚文化，被称为"中华文明的曙光"。杭州自公元前222年秦朝设县治以来，已有2200多年的历史。

这座举世闻名的"人间天堂"，她是什么时候诞生的，她又为什么叫这个名字？

让我们遐想一下3.5亿年前的石炭纪，那是我们无法知道的古世纪。那时候的杭州一带还是一片大海。

到了2.3亿年前，地壳发生了剧烈运动，有些地方上升，有些地方下降，大海底部也产生了许多稀奇古怪的褶皱。而这些褶皱，就是现在西湖群山的最基本结构。

在1.3亿年前，杭州又有了新的变化，几次火山爆发，岩浆滚滚而下，覆盖在了群山之上。就这样，我们所熟悉的西湖边的宝石山、葛岭、栖霞岭等山体逐渐形成了。

慢慢地，杭州的地势开始上升，也逐渐有了人类的身影。杭州被载入史册的历史就这样开始了。

那么，杭州又是什么时候有了自己的名字呢？

关于"杭州"名称的来历，广为流传的说法是与大禹有关。

当年大禹治水的时候，杭州地区经常发生水患，每块陆地之间都通过木筏来往交流。大禹在这里治水时便是乘坐着木筏来回穿梭在各个岛屿之间。

治水成功后，为了方便管理这个地方，大禹把自己的一个儿子留了下来，并封此地为"航国"，当地人民称"禹航国"。后来经人们的口口相传，便简化成了如今的"余杭"，现在在杭州市余杭区还有一条主干道叫作"禹航路"。

后来，秦始皇实行郡县制度，把余杭改名为"钱唐县"，属会稽郡管辖，"钱唐"这个名称一直沿用到隋朝。

隋朝实行州府制度，便取用当地人常用的名称"余杭"中的杭字作为首字，取名"杭州"。这是历史上最早出现"杭州"这一名称作为地名。

唐朝取代隋朝后，取消了"杭州"这一地名，恢复旧名"钱唐"。但是这一名称中的"唐"字与大唐国号相同，古人有避讳的习惯，便将"钱唐"二字改为"钱塘"，加个土字旁，降低它的身份。因此在唐诗中，"杭州"一词基本没有出现，均以"钱塘"代称。

到了宋朝，尤其是南宋，杭州成为都城。朝廷觉得"钱塘"这一名称太土气，而且当时北方战火四起，朝廷期望安定，于是便改名为"临安"。南宋著名诗人陆游的《临安春雨初霁》便是在杭州写的。

元朝定都大都（今北京），实行行省制度，"临安"归属浙江省管辖。由于国家重新统一，因此取消了"临安"这个名称，改回"杭州"，并一直沿用至今。

二、"秦皇缆船石"的典故

在杭州西湖北岸的宝石山下，至今还保留着一块秦代遗迹——秦皇缆船石。

《史记·秦始皇本纪》可以提供佐证："秦始皇三十七年十月癸丑日，始皇出外巡游……途经丹阳，到达钱唐。在钱塘江口，看见波涛凶险，就向西走了一百二十里，从江面狭窄的地方渡了过去。登上会稽山，祭祀大禹，又望祭南海，树立石碑，颂扬秦朝的功德。"[1]

秦朝时期，太湖及其周围地域，还是面积大、湖荡多的湖群，水上交通十分便利。秦始皇统一六国后，为了加强对吴中地区反秦势力的控制而南巡会稽郡，并在会稽山祭奠大禹。他命人在镇江至丹阳开辟了一段曲折的"丹徒水道"，使长江水系与吴地水道相通。长江上的船只沿着水道，经过苏州、嘉兴就可以到达杭州。

在杭州的钱塘江口，秦始皇的船队被风浪所阻。由于当时西湖仍与大海相通，和烟波浩淼的钱塘江连成一片，波涛汹涌，秦始皇只好再溯江西行120里到今富阳至桐庐境内江面较狭窄处渡

---

[1] 原文为："三十七年十月癸丑，始皇出游……过丹阳，至钱唐。临浙江，水波恶，乃西百二十里，从狭中渡。上会稽，祭大禹，望于南海，而立石刻颂秦德……"

江去绍兴。

相传今天杭州的将台山就是当年秦始皇为了渡江而登山瞭望的地方，因此又叫"秦望山"。在今杭州西湖宝石山下，还有"秦皇缆船石"的遗迹，元代陶宗仪记载："父老相传云，此石乃秦始皇系缆石。盖是时皆浙江耳，初无西湖之名，始皇将登会稽，为风浪所阻，故泊舟此处。"

可见，宝石山南麓的这块"秦皇缆船石"历史悠远，可以说是杭州最早的地标，默默守护了杭城2400多年。它阅尽了杭州的沧桑变化，见证了一泓海水变成潟（xì）湖，后又被人称作钱唐湖、城西湖、西湖、西子湖的全过程。

在那时，杭州城区还与海相连；而在如今西湖的位置，还是一片海湾。关于西湖形成的原因，历来有三种说法。

（一）筑塘成湖说

南朝宋文帝时期的钱唐县令刘道真在《钱唐记》中说，东汉时期会稽郡的议曹华信为防止海水侵入钱唐县，招募城中士民兴筑了"防海大塘"，修成之后"县境蒙利"，由于这个原因，连钱唐县衙也迁了过来，这就是今天杭州市的前身，西湖从此与海隔绝而成为湖泊。这一说法为历代学者所承袭，并流传下来。

（二）潟湖成因说

民国十年（1921），著名科学家竺可桢先生通过详细的实地调查研究，认为西湖是一个潟湖[1]。他以科学原理来解释西湖的成因，认为西湖本为海湾，后来由于钱塘江挟带的泥沙在海湾南北两个岬角处（即今吴山和宝石山）逐渐沉淀堆积发育，最后相互连接，使海湾与大海隔绝而形成为潟湖。

（三）火山喷发成因说

1950年以后，地质部门对西湖湖中三岛和湖

---

[1] 潟湖（xì hú）：原写作"泻湖"，是不规范的用法，现统一写作"潟湖"。

滨公园地质进行钻孔取样分析，认为在距今1.5亿年的晚侏罗纪时期，以今湖滨公园一带为中心，曾发生过一次强烈的火山爆发，宝石山和西湖湖底堆积下大量火山岩块，由此，曾出现火山口陷落，造成马蹄形核心低洼积水，即西湖的雏形。

1979年，地质工作者对湖滨钻孔采取的岩样做微体古生物分析后认为，根据不同化石的组合，西湖的形成过程可划分为早期潟湖、中期海湾、晚期潟湖三个阶段，随着钱塘江沙坎的发育，西湖终于完全封闭，水体逐渐淡化，形成现在的西湖。

三、网红打卡地："大佛头"

银杏铺满院，大佛山中坐。在宝石山南麓，有一棵130多年历史的银杏树，成为2019年西湖新晋的网红打卡地，每天吸引大批游客前往拍照留影。银杏树背靠一块大石头，就是前文介绍的秦皇缆船石。

话说北宋年间，古杭州北关门外有一座妙行寺，寺里有个僧人叫思净。因为幼年上宝石山时，对当时深藏在藤蔓与杂草中并不起眼的秦皇缆船石颇有好感，便在心中暗自起念，待到有能力之时，定将它镌刻成大佛式样，并建立大佛禅寺。

到了宣和六年（1124），思净成功地将这块石头镌刻为弥勒佛半身像。该佛像高约5米，两肩宽约10米，头部高达4米，构思奇特，因材施工，巨大的佛头看上去像是从山中突涌而出，杭州人都叫它"大佛头"。

思净又依山建了大殿，用以覆盖大佛，以免佛像遭受风雨侵蚀，又在旁边雕刻了一批佛像群，如白马驮经、布袋和尚等；殿旁还建了13间楼阁，他将此院取名为"大石佛院"。

南宋时，杭州作为都城，更吸引了四方游客纷至沓来，慕名来到西子湖畔，一睹这座"大佛头"的风采。古今名士留下了很多诗篇吟咏不尽，其中南宋初期甄龙友写的《临安北山大佛头颂》一诗，道出了大石佛院内大石佛像最贴切的样子："色如黄金，面如满月。尽大地人，只见一橛（jué）。"佛像的皮肤色泽鲜明如黄金，面容饱满如同圆圆的月亮。

所有人站在地上，都只能看见他一部分身姿。

大石佛院的经历极为坎坷，屡建屡毁。

元代诗人吴莱有《大佛寺问秦皇系缆石》一诗是这样说的："手抚一片石，昔为沧海漘（chún，水边）。始皇或系缆，万里浩无津。汉唐几英主，覆辙犹尔遵。我恐石有语，神仙多误人。"

诗人借此奇石，追古叹今，感怀旧宋，大发亡国汉人之"石问"，颇具时代色彩。

直到明朝永乐年间，志琳和尚重建寺院，并根据南宋时期的弥勒佛造像进行修缮，明成祖朱棣赐额"大佛禅寺"。至此，"大佛寺"之名才正式启用。

清朝时，乾隆皇帝下江南，杭州是必到之处。作为西湖的"铁粉"，乾隆六下江南，其中3次都游览了大佛寺，并且留下3块御制诗碑，为大佛寺"疯狂点赞"。其中一块是这样写的："昔图黄龙佛，已谓大无比。今游石佛山，大佛实在是。一面露堂堂，满月光如洗。我闻芥子微，须弥纳其里。炽然无昔今，咄哉那彼此。"

诗写得如何，暂且不论。从此，大佛得到了皇帝的认可。

"钱塘门外好停舟，士女争看大佛头。"清代诗人张云璈（áo）的诗句，说明了清代乃至清代以前"大佛头"在杭州西湖的知名度。

晚清民国的屈辱史，也是文物的灾难史。咸丰九年（1859），正值太平天国运动进行得如火如荼之时，大佛寺毁于战乱，元气大伤，殿宇几乎不存。战乱后至光绪年间，有两名僧人先后进行过修缮，但大石佛殿一直没有得到修复，大佛寺逐渐式微。

帝王"打卡"也没能让大佛逃脱厄运，曾经的佛像和佛院渐渐不现往昔景象，湮没于民居之中，无人问津。

2021年7月，大佛寺片区保护提升工程正式提上政府日程。未来可期，大佛将会以崭新的面貌面对世人。

第十四讲 汉长安城：
中国最早的国际大都市

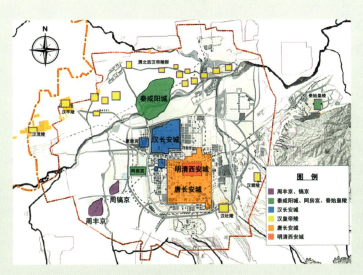

周秦汉唐明清西安城市演变示意图

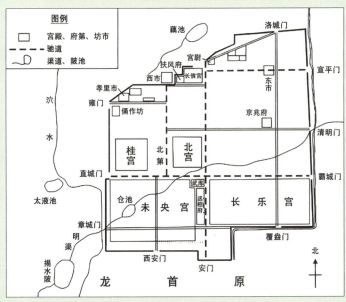

汉代长安城示意图

一、阳成延：汉长安城的真正缔造者

汉长安城，是西汉王朝的都城，地处关中平原中部，渭河之南，约在今西安城西北10千米处。

汉长安城朝向基本呈正南北向，规模宏大，建筑雄伟。根据遗址实测，城墙高10米以上，上窄下宽，墙基宽16米，为版筑夯土墙，十分坚固。东城墙长6000米，南城墙长7600米，西城墙长4900米，北城墙长7200米，周长25700米，城垣内遗址区面积约为36平方千米。

汉长安城遗址是我国迄今规模最大、保存最完整、遗迹最丰富、文化含量最高的都城遗址，是中华民族具有核心地位的重大历史文化遗产。1961年被国务院列为第一批全国重点文物保护单位。

提起汉长安城的修建，大家一般都会想到萧何。汉朝定都长安后，由他主持营建工程。

据《汉书·高帝纪》记载，汉高祖五年（前202）九月，长安城的第一处宫殿长乐宫正式开始修建；汉高祖七年（前200）二月，萧何负责建设未央宫，其中的东阙、北阙、前殿、武库、大仓等重要建筑相继落成，于是汉帝国正式建都长安。

从上述内容来看，史书中对于长安城的修建主要还是放到了萧何身上。

诚然，萧何作为汉帝国的丞相，也就是汉帝国政府的实际最高负责人，涉及首都这样的关键性建筑，他必然要参与其中。但萧何毕竟管着天下事，不可能时时刻刻盯着长安城的具体修建过程，所以肯定有另外一个人专门负责长安城的修建。

汉长安城的实际设计、营建者，名叫阳成延。关于阳成延的故事，主要记录在《史记·惠景间侯者年表》中。

阳成延，复姓阳成，名延，原本是秦朝军队中一个普普通通的工匠，在颍川郡郏（jiá）县（今河南郏县）服役。

秦二世三年（前207）四月，刘邦率军向西进攻秦军，攻陷颍川郡后进行了大掠夺，作为当地优秀工匠的阳成延，便在主动或被迫的情况下，加入了刘邦麾下。

之后，阳成延便以军匠的身份，一路跟随刘邦军队，在建立汉政权和建设汉都城过程中做出了巨大贡献。

汉长安城的营建，经历了三个时期。

第一时期：汉高帝五年至九年（前202—前198），由萧何主持在秦兴乐宫的基础上修建了长乐宫，并营建了未央宫等。

第二时期：汉惠帝元年至五年（前194—前190），分段修筑了长安城城墙。

第三时期：汉武帝时期，又修建了建章宫、桂宫、明光宫，增修了北宫，并扩建了上林苑，开凿了昆明池等。西汉末年，王莽修建了辟雍，重修了社稷坛，扩建了太学。

前两个时期的工程，主要由少府阳成延具体设计和安排施工。他整整花费12年的时间，才建造出了这座空前绝后的长安城。他凭借在都城建设上的突出业绩，被封为梧侯。

二、汉朝与罗马：交相辉映的两大帝国

历史上，汉朝作为大帝国经常与西方的古罗马相提并论。

从全球史观的角度来看，汉代与罗马的相同点实在太多，两个辉煌的帝国仿佛孪生兄弟一样，在同一个时代迸发出不同的光辉。

罗马共和国诞生于公元前509年，而这一年，孔子诞生了42年，因此当罗马第一次出现在历史当中时，汉帝国还在遥远的未来。不过，日益强大的古罗马不会想到，日后在遥远的东方，会诞生出一个与自己极其相似的伟大帝国。

当罗马在第二次布匿战争（前218—前201）中取得胜利后不到一年，在遥远的东方大陆上，一位平民出身的小人物打败了不可一世的西楚霸王项羽，建立起中国历史上最伟大的朝代——汉朝，他就是刘邦。

公元前146年，罗马征服了希腊，迎来了自己的辉煌，而5年之后，汉武帝登基，汉朝即将对北方强大的匈奴展开反击，创造自己的伟大。

公元前27年，屋大维建立元首制，罗马共和国时代结束。公元25年，刘秀称帝，开启了东汉时代。短短不到五十年间，东西方两个最辉煌的帝国都发生了巨变，西汉成为东汉，而罗马共和国也成为罗马帝国；更惊人的相似是，两个帝国和文明走向衰败的时间和方式都几乎一致。

此后，汉帝国和罗马帝国都陷入了分裂。汉朝先是陷入战乱，形成三国鼎立之势，然后进入南北朝时期；而罗马也分裂成东西两个帝国；不同的是，中国最终重新统一，而罗马则走上了末路。

古代中国和古罗马历史年表对比

时间	中国		古罗马	
	朝代	重要事件	阶段	重要事件
前770年	东周	周平王迁都洛邑，称东周，诸侯争霸的春秋时期开始	王政时代	/
约前753年		/		古罗马建城
前685年		齐桓公即位，任用管仲为相，进行改革		/
前509年		/		罗马共和国建立
前202年	汉朝	刘邦在楚汉战争中击败项羽，建立西汉王朝	共和时代	/
前146年		/		第三次布匿战争结束，迦太基城被摧毁
前60年		西汉设置西域都护府，对西域进行管辖		/
		/		庞培、恺撒、克拉苏结成"前三头同盟"
前33年		西汉王昭君出塞		/
前27年		/	帝国时代	屋大维确立元首制，建立罗马帝国
97年		东汉班超派遣甘英出使大秦（即罗马帝国）		/
166年		/		大秦（罗马）王安敦使者至汉朝
280年	魏晋南北朝	西晋灭吴，统一中国		/
284年		/		罗马帝国皇帝戴克里先开始进行改革
383年		东晋军队在淝水之战中大败前秦军队		/
395年		/		罗马帝国分裂为东西两部分
420年		刘裕废东晋帝自立，国号宋，史称刘宋，南朝开始		/
476年		/		西罗马帝国灭亡

三、汉长安城与古罗马城形态比较

自从汉武帝派遣张骞出使西域以后，在东西方之间开拓出著名的丝绸之路，中国的丝绸一直向西转运至大秦（汉朝人对罗马帝国的称呼）。"东长安，西罗马"，一条丝绸之路，将东西方两座国际大都市紧紧联系在一起。

鉴于此，分析这两座城市的规划思想，从城市形态上对比两大城市各自的布局与建筑之美，进而揭示两大帝国在当时可以相提并论的原因，很有意思，也很有意义。

（一）追根溯源——中西方城市规划理论

先看中国。

西周时期的《周礼·考工记·匠人营国》记载的王城规划制度，是中国目前所知年代最早、最为系统的城市规划理论文献。

"匠人营国，方九里，旁三门，国中九经九纬，经涂九轨，左祖右社，面朝后市，市朝一夫。"

这句话的意思是：匠人营建的都城，九里见方，都城的四边每边三座城门。都城中有九条南北向大道、九条东西向大道，每条大道可容九辆车并行（约16米）。宫城左边是祭祀祖先的太庙，右边是祭祀土地神和五谷神的社稷坛；宫城的南面是朝廷，北面是市场。市场和朝廷的面积各百步见方（即东西、南北各长140米左右）。

在这一制度中，最高等级的设施都用极阳至尊之数"九"，并与宇宙方位紧密配合。这种规划系统使都城的布局严整有序、等级分明，成为此后城市的建设的重要参考。

汉长安城的规划建设就是"匠人营国"制度的重要尝试。

再看西方。

罗马帝国时期，建筑师维特鲁威在汲取前人理论的基础之上，在他的名著《建筑十书》里提出了自己的城市规划思想："城市不应当设计成正方形或突出棱角型的，而应当设计成圆形，并设置塔楼，能在各处眺望敌人……工程机械很快就能破坏方形的……而圆形的即使向楔一般打进中心也不可能使其损伤。"

在他提出的古典理想城市的图形中，城市的外轮廓采用了圆形，城市的中心是广场，其他建设区块环绕着中心。这种简洁和理性的特征，极大影响了以后欧洲各国的城市规划。

（二）方圆之间——汉长安城和古罗马城对比

汉长安城的城墙呈不规整的方形，城墙的主要功能是军事防御。其南城墙曲折如南斗六星，北城墙曲折如北斗七星，所以汉长安城有"斗城"之称，这是强调城郭与宇宙同构，与天地呼应，折射出汉代"天人合一，君权神授"的礼制要求。

汉长安城内部，居民区分布在城北，与商业区分开，由纵横交错的街道划分为160个闾里；著名的"长安九市"则在城市的西北角上，分成东三市和西六市；汉长安城的民众公共活动区域较少，宫殿、贵族宅第、官署和宗庙等建筑约占全城面积的三分之二，宫殿集中在城市的中部和南部，并沿着东西与南北主轴线的道路两侧排列，这一切都是为了体现"皇权至尊"的地位。

而古罗马的城墙呈不规则的圆形，修建城墙的主要目的也是军事防御。罗马城最初建在景色秀丽的七座山丘之上，所以至今罗马仍有"七丘城"之称。

古罗马城内部，修建了密集发达的道路、高架水渠供水系统、排水系统，以及3个港口用来运送物资，城内的市场和仓库超过320个，商业非常繁荣；古罗马城还有公共浴场、公共剧院、斗兽场、音乐厅和图书馆，它们与商业区、居民区交融，看似杂乱无章，却使人民的生活非常舒适、便捷有序。

在古罗马城兴建之初，当别的城市都是以王宫和庙宇为核心，强调权威的时候，近似圆形的古罗马城却把属于所有市民的广场放在了其中心位置，这是在那个属于帝王的时代"以民为本"思想的最佳体现。

由此可见，古罗马城市规划实际上是一种不规则的反秩序，而汉长安城却中轴对称，方正有序。秩序与反秩序之间，尽显世界文化的多样性，可以说是"各美其美、美美与共"。

（三）文化背景——"城"与"市"的思辨

通过上述对比我们可以看出，汉朝与罗马帝国的城市存在很大的差异，这种差异在很大程度上体现在城市的公共性上。

汉长安城更多的是具有"城"的特征，而不是"城市"。所谓"市"，是指贸易和商业功能，城中要有相当数量的"市民"和发达的世俗生活。汉朝没有像罗马帝国那样的市民阶层，汉长安城内也没有类似古罗马城的城市市民生活。

汉长安城主要是作为政治中心，"城"中的主角不是"民众"，城市的生活更不是"市民生活"，这种"城"实际上是一部"国家机器"。

究其原因，是由于中国古代的农业经济在整个封建社会的经济中占有绝对优势，以农为本、重农轻商的思想使中国古代城市同农村保持着密切的交往，乡村和城市是不可分离的统一体。那些进入仕途可以享受城市生活的封建官僚，把乡村田园生活作为自己的最终理想归宿。可见，小农经济意识在中国封建社会中是多么的根深蒂固。

因此，秦汉时期不存在市民阶层的思想，城市内也没有类似古罗马市民的公共生活，因此，也就不会出现类似于古罗马那样为一般市民服务的城市公共建筑设施。

虽然两者之间存在差异，但是汉长安城、古罗马城的城市建设都对后世产生了巨大和深远的影响，它们在亚欧大陆两端交相辉映，展现了东西方文化各自的魅力。

第十五讲 南越国宫署御苑：
岭南园林的源头

广东广州南越王宫想象复原模型

南越王宫中的曲流石渠遗址

一、南越武王：赵佗

赵佗（约前240—前137），秦朝常山郡真定县（今河北省正定县）人，是南越国创建者。

在秦朝灭亡之后，天下大乱，楚汉争霸的中原更是一塌糊涂，在这段时间有一个小国诞生了，它叫"南越"。

话说秦始皇统一六国之后，开始着手进攻岭南。秦始皇将50万大军放心地交给手下将领赵佗，还赋予了他无比艰巨的任务——攻占并治理岭南。这样的信任对于赵佗这个臣子来说，是一种莫大的鼓励。所以，打败了岭南的越人之后，赵佗在岭南设置了郡县，他自己成为一个重要的军事重县——龙川的县令。

为了完成秦始皇交给自己的任务，实现民族大一统，使得南越人民和中原人民一样，不但要土地归顺，还要民心归顺。他劝导士兵在当地娶妻生子、养儿育女，促进中原人与岭南人的同化；又上书皇帝请求遣送中原居民迁居南越以传播中原文化。

秦始皇死后，秦二世继位，他的暴政激起了秦二世元年（前209）的陈胜、吴广起义，四方诸侯、豪杰互相争夺，中原陷入战乱。接着就是项羽和刘邦长达4年的"楚汉相争"，中原陷入混乱状态。

汉高祖三年（前204），赵佗起兵兼并桂林郡和象郡，在岭南建立了南越国，号称"南越武王"。

为了安抚南越人民，缓和刚刚经历战乱的南越人民的仇恨，赵佗在当地实施了"和辑百越"的政策。他引入中原农耕技术与先进文化，使岭南地区迅速从刀耕火种时代平稳进入农耕文明时代，同时又将异域文化和海洋文化引入岭南，开启了岭南文明千年辉煌。

高祖十一年（前196）夏，刘邦派遣大夫陆贾出使南越，劝赵佗归汉。在陆贾劝说下，赵佗接受了汉高祖赐给的南越王印绶，臣服汉朝，成为汉朝的藩属国。

高祖十二年（前195），高祖驾崩，吕后临朝，开始和赵佗交恶。吕后七年（前181），吕后发布对南越的禁令，赵佗宣布脱离汉朝，自称"南越武帝"。

文帝元年（前179），吕后死后，文帝派陆贾再次出使南越，说服赵佗去除帝号重新归顺汉朝。

武帝建元四年（前137），南越王赵佗去世，享年约100余岁，葬于番禺（今广州）。赵佗死后，其后代续任了四代南越王，一直到公元前111年，南越国被汉朝所灭。

南越国全盛时的疆域包括今天广东、广西（大部分地区）、福建（一小部分地区）、海南、中国香港、中国澳门和越南（北部、中部的大部分地区）。

在南越国境内，越语与汉语不通，民风民俗与中原地区差异极大。当地越人饮食鼠贝鱼蛇，服饰断发文身，居住高架木屋，出行舟船木筏，巫祝盛行。

赵佗在治理期间因地制宜，延续了秦帝国的政令体系，推行缩小版的皇权官僚集权体制；同时以身作则，以越人君主、蛮夷之长自居，入乡随俗。在赵佗引领下，南下的秦人与土著的越人逐渐融合，北方先进的生产技术南传扩散，南越逐渐国泰民丰，政权稳定。

赵佗从秦始皇二十八年（前219）作为秦始皇攻打南越的50万大军的副帅，到建元四年（前137）去世，一共统治岭南81年。他是最早在岭南地区建立政权的秦朝主将，也是第一个将中原文化传播到岭南地区的人，是一位杰出的政治家、军事家。

二、南越国宫署遗址

西汉南越国定都番禺（今广州），昔日的南越王宫——南越国宫署遗址，便是番禺城的核心区域。

20世纪90年代，在广州历史城区的核心地段——北京路考古发现了南越国宫署遗址，它是目前我国发现年代最早的诸侯宫苑遗址实例。

遗址里有石砌大型仰斗状水池、鼋室、石渠、平桥与水井、砖石走廊等宫殿、宫墙、宫苑遗迹，还有大量的砖、瓦等建筑材料以及木简、陶文等重要文物。虽然宫署遗址仅仅是整个南越国宫署的一小部分，但也可以从中看出当时造园的盛况。

多年来的考古发掘成果证实，南越国宫署包括宫殿区和御苑区两部分，其中宫殿区位于都城的西部，东部则是御苑区。汉朝士兵攻城时，这座历时近百年的王宫，毁于大火。

南越宫殿琼楼玉宇、非常壮观。宫城外有宫墙环绕，宫殿有正殿、廊道、排水设施等，排水系统非常完善，已发掘的两座宫殿由廊道连接。1号宫殿面积大约500平方米，它的西南方是2号宫殿，发现了印有"华音宫"的陶器。

南越国宫署内有一个约4000平方米、用石板砌筑的斗型大水池，一条长约150米的曲流石渠和回廊，还有典型希腊风格的叠石柱、八棱石柱、石栏杆、砖瓦、步石、石板桥等大量秦砖汉瓦，如"万岁"瓦当、云箭纹瓦当、熊饰空心砖、印花大方砖等。

御苑的曲流石渠，迂回曲折，由西向东，渠底密铺黑色卵石，可以想象当初御苑处处小桥流水、碧波粼粼、花果飘香、鱼翔浅底的景致，一派岭南山水园林风光。石渠连接大型蓄水池引水，并有木质暗槽出口排水入珠江，保持水流长年不断。

在南越国立国的90多年中，社会经济发展较快，手工业也有所进步。在南越国宫署遗址，发现了很多日常生活中使用的陶器，这些陶器质地坚硬，纹饰相当精美，足以代表当时的陶器制作成就。

在这个遗址里，还有一个很奇异的景观，就是水井特别多，历朝历代的都有，多达83口，可谓是星罗棋布。年代自南越国、东汉、晋、南朝、唐、宋至民国时期，既有土井、砖井、瓦井，也有木井、篾圈井和陶圈井，反映了不同时期的建筑文化特色。其中有3口南越国时期的饮水砖井，最深的达14米，最浅的也有8米。

2004年，考古工作者在南越国宫署遗址的一口水井中，发现了100多枚木简，简文很长，涉及户口、法律文书等。简文中出现了职官、郡置、民俗、果木培植等内容，为研究南越国历史提供了第一手资料，这批简文也因此被称为"岭南第一简"。

南越国宫署遗址的考古勘探与发掘，既揭开了南越王宫的神秘面纱，又向我们展示了一段颇富传奇色彩的广州城建史。截至目前，我国考古发现与发掘的西汉时期诸侯国的宫殿或者宫署遗址非常少，南越宫苑遗址的发掘非常具有代表性。

三、岭南园林的前世今生

岭南园林，作为中国四大园林地方风格之一[1]，有着悠久的发展历史和独特的地域文化特色。岭南园林的历史发展突出表现在南越王朝、南汉王朝、明清两代及近现代四个时期。

岭南园林的最早记录始于南越。南越国宫署遗址，呈现出我国秦汉时期园林的典型特征，也为岭南园林早期造园理念与技法水平提供了第一手证据。

在南越国宫署遗址之中，"曲水流觞""一池三山""积沙为洲屿，激水为波澜"等后代常见的园林造景方式就已经出现。

据考古和文献资料记载，南越国宫署御苑的面积约为13公顷，以水池和水渠为主体的人工水系景观，体现出早期园林中水景蜿蜒曲折、潺潺流动的观赏意趣，与后世园林中的池湖景观迥异其趣。

而对池中石头的布置，既有"一池三山"的求仙心态，又形成"激水为波澜"的动态水景效果，与蜿蜒的水体形成鲜明对比，增加了水景的动感。

此外，沙洲的应用出现在宫署遗址曲渠北面的转弯处，不仅产生了岛的景观效果，也让水景产生了沉淀平缓的意趣，在宫苑之中营造出自然之美。

到了唐末五代十国时期，岭南地区第二次出现地方政权。公元917年，原唐代清海军、静海军节度使刘䶮（yǎn）在番禺（今广州）称帝，国号大越，改元乾亨。次年，改国号为汉，经历了三世五主，共55年，史称"南汉"。

刘䶮花费了大量的钱财、物力拓展王城，史书记载最多的是他热衷于大兴土木修建宫苑。宫苑之中，最有名的是仙湖药洲，这是一个500多丈的大型湖区，周边亭台楼阁、雕梁画栋。湖中有一座沙洲岛，栽植花药，奇石林立，是刘䶮追求长生不老、炼制仙丹之地，仿佛人间仙境。

南越、南汉两个昙花一现的政权的皇家园林对岭南园林的影响深远，使岭南园林形成了兼容并包、注重装饰的风格特色。此后，一直延续发

---

[1] 中国四大园林地方风格：北方园林、江南园林、西蜀园林和岭南园林。

展的岭南园林均不具有皇家性质，而越来越多地呈现出地方民间色彩。

唐代之后，从自然山水风景名胜区到城市中的园林宅院，虽然偶尔也有官方兴建的，但更多是地方民办建成的。

唐代至明代，从中原流放与贬谪（zhé）到岭南的文人，将中原地区的文化传播到此，对岭南园林文化格调的发展产生了重要的影响。这段时间比较著名的岭南园林有唐代广州的荔园、张九龄的园圃、清远的韦氏园，宋代周敦颐的濂溪书院、李纯思的李氏山园，明代的南园诗社等。

园林成为岭南本土文化身份认同的重要载体。到清代，行商园林达到巅峰。

在清代，曾经在国家版图之中位于政权边缘地带的岭南地区，一举成为全国经济、外交的前沿门户，这种地缘权力中心的转变，对岭南园林的历史地位与价值特色产生了重要影响。

以广州为例，行商园林主要分布在三个地区：在河南（今广州市海珠区的旧称）有第一代行商首领潘振承的潘家花园、怡和洋行老板伍秉鉴（当时的世界首富）的伍家花园，在西关荔枝湾有丽泉行老板潘长耀的花园、富商潘仕成的海山仙馆，在芳村地区有花地八大园林（醉观园、留芳园、纫香园、群芳园、新长春园、翠林园、余香园、评红园）等，都是外国商人经常游乐的场所。

到清代中晚期，佛山市顺德区的清晖园、佛山市禅城区的梁园、广州市番禺区的余荫山房和东莞市莞城街道的可园四座古典园林陆续建成，它们被称作"岭南四大园林"，成为岭南园林的杰出代表。

直到近现代，"敢为人先"的时代精神一直体现在岭南园林的传承探索与实践之中。岭南建筑学派的前辈设计师率先探索尝试将岭南传统园林庭院空间与现代公共建筑相结合，设计建造了如兰圃、北园酒家、泮溪酒家、南园酒家、文化公园"园中院"等一系列体现岭南园林地域特色与时代风格的作品，带动了岭南园林新时期发展的热潮。

总的说来，不同历史发展阶段的岭南园林虽然造园主体（君主、文人、商贾、设计师）各不相同，但都体现出岭南园林区别于北方皇家园林、江南文人园林、西蜀祠庙园林最为独特的地域特色，即"岭南市民园林"——以日常生活为主要内容，注重园林的生活性与社交功能，具有独特的"市井气"和"生活味"。

第十六讲 襄阳习家池：
中国最早的郊野园林

湖北襄阳习家池

一、襄阳豪族"习氏家族"

习姓源远流长，自春秋时期习氏家族迁入湖北襄阳以来，襄阳成为习氏繁衍极为旺盛之地。汉晋时期，习氏家族是襄阳豪族、荆襄一带的世家名门。由于习氏家族素有重视教育、尊崇礼法、诗书传家的优良文化传统，历代人才辈出，闻名于世。

据《襄阳耆旧记》《晋书》《三国志·季汉辅臣赞》《太平御览》等史志记载，仅仅在汉晋时期，习氏家族就先后出了10多位官宦名士，其中，以习郁最为出名。

习郁，字文通，东汉襄阳人，最初担任光武帝刘秀的侍中。

有一次，习郁跟随刘秀出巡到了黎丘（今襄阳市宜城北），一天夜里，君臣"异床同梦"。早晨起床以后，刘秀对习郁说："昨天夜里我做了一个梦，梦见了苏岭山神，不知是吉是凶？"习郁说："我昨夜做梦，也梦见了苏岭山神！"刘秀听了很高兴，当即嘉奖习郁，任命习郁为大鸿胪，并封襄阳侯爵位。

其实，习郁之所以深得光武帝刘秀信任，主要原因有三个。

一是老家相近。习郁是南郡襄阳人；刘秀是南阳郡蔡阳县白水乡（今湖北省枣阳市南）人。习郁与刘秀虽然不同郡不同县，但是两人的老家隔河相望，距离很近。

二是他有功于光武帝刘秀。习郁曾经跟随刘秀起兵，在反对新莽政权的斗争和刘秀成就帝业的过程中，屡立战功。

三是习郁深受其父习融的影响，有很好的德行。

习郁生前在襄阳做了两件看似平常，但却意义非凡、影响深远的事。

一是在苏岭山修建了一座纪念苏岭山神的祠庙。公元25年，刘秀登基之后，命襄阳侯习郁为"苏岭山神"重修庙宇、再塑金身，并雕刻了一对石鹿立在祠庙门口。因此，人们就称此庙为"鹿门寺"；"苏岭山"便由此更名为"鹿门山"了。

二是修建了自己的私家园林——习家池。习郁在襄阳城郊自家宅院旁建造的习家池，是我国最早的郊野园林之一，在中国园林史上具有重要的地位。

二、习家池的沿革与布局

习家池，始建于东汉建武年间，距今已有1900多年的历史。

东汉初年，襄阳侯习郁模仿春秋末期越国大夫范蠡的养鱼方法，在襄阳城南约5千米的白马山下、自家的住宅前，堆筑了一条长60步、宽40步的土堤，引入白马泉的水养鱼，池中垒起钓鱼台，四周种植松、竹，慢慢地形成了一处靓丽的风景胜地，后人称之为习家池。

池边原有凤泉馆、芙蓉台、习郁墓等，三面环水，一面临山，山色苍翠，水光潋滟，花红柳绿，景色宜人，自古以来常常有文人墨客慕名来这里吟诗作赋。

西晋永嘉年间，征南将军山简镇守襄阳时，常来习家池饮酒，醉后自称"高阳酒陡"❶，因此习家池又被叫作"高阳池"。唐代诗人孟浩然曾感叹："当昔襄阳雄盛时，山公常醉习家池。"

东晋时期，习郁后人习凿齿在习家池畔读书，在湖心亭里著史书，留下了《汉晋春秋》这一千古名作，成为名扬后世的史学家，而使习家池更加声名远播。当时的文人墨客常来习家池聚会，在白马泉边曲水流觞、畅叙幽情，举国之名士十有七八均慕名造访过习家池。

不仅如此，习凿齿还笃信佛学，于兴宁三年（365）邀请高僧释道安一行300多僧人来到襄阳，在习家池内的白马寺讲经说法，弘扬佛教，使得襄阳成为当时全国的佛教中心。

唐代，习家池是李白、孟浩然、王维、皮日休等著名文学家经常来游历的地方。皮日休还有一首著名的《习池晨起》，赞美了习家池的妙处："清曙萧森载酒来，凉风相引绕亭台。数声翡翠背人去，一番芙蓉含日开。荇叶深深埋钓艇，鱼儿漾漾逐流怀。竹屏风下登山屐，十宿高阳忘却回。"

在宋代，习家池曾一度毁于战乱。

南宋嘉定年间，右司郎官尹焕对习家池进行了修缮，新增庭堂、斋舍28楹，题匾为"习池""怀晋"，还在新建的院墙中间开辟了一座山

❶ 高阳酒徒：是一个来源于历史故事的成语，有关典故最早出自西汉司马迁《史记·郦生陆贾列传》。书中说的是汉代著名说客郦食其（lì yì jī）想投效刘邦，被误以为儒生而遭拒，于是自称为"高阳酒徒"，才被刘邦接见并得到重用。后来用这个成语泛指好饮酒而放荡不羁的人，也作"高阳公子""高阳狂客"。

门，题匾"习池馆"。从此，习家池规模远胜从前。

明代正德年间，都察院右副都御史聂贤曾在池中增筑石台、石栏，新建"凤泉亭"。

明嘉靖年间，湖广按察副使江汇又新建了纪念习凿齿、杜甫两位名人的祠堂。

清道光六年（1826），襄阳知府周凯又对习家池的亭台楼榭进行了整修，改高阳池馆为"四贤祠"，祭祀习郁、习珍、山简、习凿齿；并在大池以东兴建了2个小池。

同治年间，襄阳知府方大堤对习家池也进行过一次大修，给两个小池分别取名为"溅珠"和"半规"。

1956年，湖北省人民政府将习家池列为"第一批文物保护单位"。随后的几十年间，习家池多次整修。

2006年至2009年，襄阳市人民政府依据史料记载和历史图片，按照修旧如旧的原则，参照原有建筑风格、形制和规模，依原址翻新重建了习氏宗祠。

新的习家池于2010年建成，占地面积达35万平方米，其核心建筑"习氏宗祠"占地面积1102平方米，建筑面积1953平方米。主体建筑高两层，呈二进四合院式布局。建筑为明清时期襄阳民居风格，朴实精致，并利用砖雕、石雕、木雕和彩绘等方法进行装饰，极富观赏价值。

荷花池是习家池最早的景点之一，也是习家池的文化之源。夏秋之际，荷花满池开放，芬芳四溢，景色优美。

习家池的芙蓉台、六角亭位于荷花池东北角，四周围绕雕花石栏杆，凭栏可赏出水芙蓉、悠然游鱼。六角亭为清同治五年（1866）复建，重檐六角攒尖顶，斗拱繁复，檐角高翘，挑檐和额枋上遍饰象征吉祥的"天官赐福""万事如意""蟾蜍双至""犀牛望月""凤凰展翅"等图案，形象逼真、栩栩如生。

白马泉位于习氏宗祠右后方，经溅珠池注入习家池，白马泉水依山就势，顺谷而下，将塘、池、滩、潭等串联，营造出白马涧泉、玉棠春色、曲水流觞、猿啸青萝、古墓云径、习池古韵、松石间意、凤泉阡陌八个层次丰富、动静结合的立体景观。

习家池作为历史胜迹，其独具特色的园林文化、诗酒文化、佛教文化，为历代所颂扬。2008年，习家池风景名胜区规划和建设工作启动。2014年7月，习家池风景名胜区建成并免费对公众开放。

明代造园家计成在其园林名著《园冶》中，论述郊野园林的选址、构筑和意境时提出："在郊野择地建园，最好找乔木覆盖山岭的浅丘地带。疏通溪池的源头，水上搭建桥梁。若离城中只有几里路，能够随时往来，那就更令人满意了。规划布局，要先考察地形的崎岖变化，再决定地基面积的大小。围墙最好用夯土版筑，全园结构可参考习家池。"❶

作为中国唯一一处从东汉开始修建并使用和保存至今、历史最为悠久的郊野私家园林，习家池，在中国园林史上有着重要地位，被《园冶》奉为私家园林典范，古建筑学家罗哲文先生为其题词"中国郊野园林第一家"。

三、华夏第一城池：襄阳

沿着习氏家族和习家池的故事，我们来看一看古城襄阳。

襄阳古城，始建于汉高祖六年（前201），距今有2200多年历史，因县治位于襄水之阳而得名。自从东汉献帝时期荆州刺史刘表将治所迁到襄阳起，襄阳就成为以后府、道、州、路、县的治所。

"南船北马，七省通衢"是襄阳交通发达的真实写照。"三千里汉江，精要在襄阳"，地处汉江中心的地理位置，使得襄阳航运具有巨大的优势，襄阳自古就是水陆转运的交通要塞，也是襄阳成为"兵家必争之地"的原因之一。

襄阳是楚文化、汉文化、三国文化的主要发源地，历代为经济军事要地，素有"华夏第一城池""铁打的襄阳"之美誉。

襄阳古城地处汉水中游南岸，三面环水，一面靠山，易守难攻。旧城作为军事堡垒一直使用到唐代。宋代由原土城改为砖城。襄阳古城被历代兵家所看重，是中国历史上最著名的古城建筑

---

❶ 原文为："郊野择地，依乎平冈曲坞，叠陇乔林，水浚通源，桥横跨水，去城不数里，而往来可以任意，若为快也。谅地势之崎岖，得基局之大小；围知版筑，构拟习池。"

防御体系之一，也是中国最完整的一座古代城池防御建筑。

明洪武初年维修古城时，汉水南岸北移，为使北城与汉水紧连，加强城东北角防御能力，把城向东北扩展，使得古城周长达7.6千米，面积达2.5平方千米。襄阳古城护城河最宽处约250米，平均宽度180米，是亚洲最宽的护城河。

明、清时期曾因汉水多次溃堤坏城而屡次修筑。现存城墙基本上是明代的墙体，外砌大城砖，内用土夯筑。东、西城墙分别长2.2千米、1.6千米，南北城墙分别长1.4千米、2.4千米；高8.5米，宽5～15米。城门共有6座。万历四年（1576），知府万振孙首次为六座城门题名，分别为：阳春门、文昌门、西城门、拱宸门、临汉门、震华门。因西门是朝拜真武祖师庙的必经之路，故又称为"朝圣门"。

襄阳城在明清时期，古建筑较为完整：六门城楼高耸，四方角楼稳峙，王粲楼、狮子楼、奎星楼点缀十里城郭，金瓦琉璃，高墙飞檐，非常壮观，整个城池和谐地融为一体，给人以古朴典雅的感受。

关于襄阳的故事有很多，诸葛亮与刘备的隆中对、关羽水淹七军、金庸先生笔下郭靖大侠抗击蒙古军、李自成建立大顺国等故事都发生在这里，为襄阳这座古城增添了无与伦比的文化魅力。

第十七讲 苏州邓尉山：
东汉第一功臣隐居地

江苏苏州邓尉山的香雪海

邓尉山司徒庙的"清奇古怪"古柏

一、邓禹：东汉开国第一功臣

邓禹（2—58），字仲华，南阳郡新野县（今河南省新野县）人，东汉开国名将。

邓禹13岁时，就能朗诵诗篇，他在长安拜师学习，当时刘秀也在京师游学。邓禹虽然年轻，但见到刘秀后，就知道他不是一位普通人，便与他交好，日益亲密。

地皇四年（23），王莽新朝被绿林军推翻；在绿林军拥戴下，汉朝宗室后代刘玄建立更始政权，豪杰们多次向更始帝举荐邓禹，但邓禹都不肯归顺。后来听说刘秀平定了河北，邓禹就驱马北渡黄河，到邺县追随刘秀。

邓禹劝说刘秀以河北为基地，收揽民心，待机夺取天下，从而深得刘秀的信任。后来他率军镇压铜马起义军，又在河东打败更始将领王匡、成丹等率领的队伍，协助刘秀建立起东汉政权。

光武帝刘秀登基后，年仅24岁的邓禹被拜为大司徒，封酂（zàn）侯，成为东汉王朝的首任丞相，并且食邑万户。可是后来在与赤眉军交战的过程中，邓禹屡吃败仗，损失惨重，于是引咎辞职。数月后，被光武帝拜为右将军。

建武十三年（37），天下平定，刘秀加封功臣，邓禹因功高而被封为高密侯。后来右将军的职衔撤销了，按特进朝见皇帝。

邓禹为人知书达理，行为忠厚淳朴，做事细致周到，而且是个大孝子。在天下平定之后，他常常希望疏远名利与权势。他制定家规，对子女严加管教，并叫13个子女每人都掌握一门技艺。他的一切用度都取之于封地赋税，不藏私产，不谋私利。因此光武帝更加敬重他。

建武中元元年（56），光武帝任命邓禹代理司徒职务，与自己一起巡视山东，到泰山筑坛祭天。

汉明帝刘庄即位后，因邓禹是先帝元勋，拜为太傅，对他非常尊敬。明帝曾设立云台阁，里面供奉了28位开国功臣的画像，人称"云台二十八将"。在这些开国功臣之中，邓禹排在第一位，也就是云台将之首，因此被誉为东汉开国第一功臣。

二、苏州邓尉山与司徒庙

邓尉山位于苏州城西南30千米处的吴中区光福镇西南部，因传说东汉太尉邓禹曾隐居于此而得名❶。邓尉山海拔169米，其北峰名叫妙高峰。

光福镇内文物古迹众多。其中，铜观音寺及光福寺塔、香花桥被列为江苏省文物保护单位；香雪海、司徒庙、圣恩寺、石嵝庵被列为苏州市文物保护单位。

每年二月，光福镇邓尉山一带，梅花吐蕊，雪白如海，故名"香雪海"，是江南最著名的探梅胜地之一。

这里群峰连绵，重山叠翠，是斜向太湖伸出的一个半岛。山前山后，遍植梅树，开花时节，繁花似雪，暗香浮动，微风吹过，香飘数里之外。古人曾对邓尉山的梅花做过传神的描写："入山无处不花枝，远近高低路不知。贪爱下风香气息，离花三尺立多时。"因而邓尉观梅，名扬天下。乾隆皇帝曾6次到邓尉探梅，并6次赋诗，有御碑和石刻为证。

邓尉山山麓光福镇涧廊村东南有一座司徒庙，相传原为东汉大司徒邓禹的祠庙，又叫古柏庵、柏因社、柏因精舍。始建年代历史上没有记载，无从考证。现在的殿宇是清末民初重建的。

司徒庙中，赏柏厅侧碑廊内藏有《楞严经》《金刚经》两部完整的石刻经卷，其中，《楞严经》是一部保存得非常完整的明代石刻经卷精品，属江苏省文物保护单位。

最值得一提的是，司徒庙里有四株古柏，传说是当年邓禹亲手栽植，至今已有1900多年的历史了。在漫长的岁月中，古柏遭到风刀霜剑的摧残、雷击电打的袭击，却顽强地存活下来。古柏的形态非常奇特，清代乾隆皇帝观看后给四株古柏树分别命名为"清""奇""古""怪"。

清柏，碧郁苍翠，挺拔清秀，位于园子中央；奇柏，主干断裂，其腹中空，居于左边；古柏，纹理纡绕，古朴苍劲，立于清柏右边；怪柏，卧地三曲，状如蛟龙，被雷劈开后的两个枝

❶ 邓尉曾任"大司徒"一职，掌管国家的土地和人民的教化，相当于"丞相"，并未做过"太尉"；东汉时期的"太尉"，在西汉叫作"大司马"，是全国最高军事长官。称邓禹为太尉，可能是民间误传。

干完全离开了主干，但是都活着，并发出了新枝。

四株古柏树组合在一起，宛如一幅天然的古柏图。有位诗人这样赞美它们："清奇古怪史留名，莫道人间不太平。不是风霜置死地，虬枝茂叶徒青青。"

三、历代古树名木的故事

历史风起云涌、沧海桑田，很多人类创造的文化已经了无痕迹，然而一株株苍劲的古树名木，却始终屹立在天地之间。

我国规定，古树是指树龄在100年以上的树木，名木是指具有重要历史、文化、科学、景观价值和重要纪念意义的树木。

2022年第二次全国古树名木资源普查结果显示，我国普查范围内现有古树名木508.19万株，其中散生在广大城乡的有122.13万株，以古树群形式分布的有386.06万株。

古树名木是自然与文化的共同遗存，是有生命的文物。它们几乎都有着神奇的传说和动人的故事，其中还有不少古树被封为"王侯将相"，虽历经世事沉浮，但因其特殊的身份，在人们的精心养护下普遍长势良好，历经千百年仍枝繁叶茂、郁郁葱葱。

从秦汉时期开始，就有古树被"封官晋爵"，它们的故事至今仍被人们津津乐道。

（一）秦始皇封的"五大夫松"

据《史记》记载，始皇二十八年（前219），秦始皇东巡泰山，举行封禅大典。在下山时，突然狂风大作，大雨倾盆。山路本来就狭窄，现在更是湿滑难走。

处于危险中的秦始皇突然发现路边有一株大松树，他赶紧一把抱住树干，等雨小了才敢放开手。

秦始皇觉得这株松树救了自己的性命，护驾有功，于是把它封为

"五大夫松"。这株松树就成了植物界中第一棵在人间做官的树木。"五大夫"是秦代"二十等爵"的第九级爵位，故"五大夫松"并非指五株松树。谁知后世误传为五株。

明代万历年间，古松被雷雨所毁。清雍正年间，钦差丁皂保奉敕重修泰山时，补植五株松树，现存二株，虬枝拳曲，苍劲古拙，自古被誉为"秦松挺秀"，为泰安古八景之一。五松亭旁有乾隆皇帝御制《咏五大夫松》摩崖石刻。

（二）汉武帝封的三株"将军柏"

西汉元封元年（前110），汉武帝游历嵩山，看见一株柏树高大挺拔、枝叶茂密、高耸云天，一时兴起，封这棵树为"大将军"。

没走多远，又看到一株柏树，比刚才那棵还要高大，但皇帝金口玉言，不能反悔，汉武帝寻思了一会儿，便说："朕封你为二将军。"

又走了一会儿，见到还有一株更大的柏树，汉武帝很无奈地说："就算你长得再大，也只能封你为三将军了。"

后人在此处建了中国四大书院之一——嵩阳书院。这三株"将军柏"一直是书院的标志性景点。后来"三将军柏"在明朝末年被火烧死。

"大将军柏"树高12米，胸围约6米，冠幅16米，树身向南斜卧在"凸"字墙上，树冠浓密宽厚、郁郁葱葱，犹如一柄大伞遮掩晴空。"二将军柏"树高20米，树干粗约13米，树身已空，可容数人。据专家考证，这两株古柏已有4500年以上的历史，可追溯到夏朝以前，堪称中国古柏之冠。

（三）乾隆封的多株古树

位于北京市西部门头沟区的潭柘寺，因庙后有龙潭、庙前有柘树而得名，始建于晋代，时称嘉福寺，是北京地区最古老的佛寺。"先有潭柘寺，后有北京城"更是被人们津津乐道。

潭柘寺毗卢阁内有一株高大茂盛的银杏，高达40多米，直径4米多，六七个人才能合抱，遮阴面积600多平方米，树龄有1400多年。这株银杏由乾隆皇帝钦赐命名为"帝王树"，这是中国历史上皇帝对树木的最高封号。

相传，这株银杏对皇朝更迭似乎有神奇的灵验，每当一位帝王登基之时，它便生出一枝粗壮的树干，以后逐渐与老干合为一体；每当一位皇帝驾崩之时，它就折断一枝。

毗卢阁内西侧还有一株略小的银杏树，本是栽种来与"帝王树"相配的，被人们称为"配王树"，谁知两棵树都是雄性，无法传粉结果，令人不禁莞尔。

乾隆活了89年，在位60年，是清朝实际掌权最久的皇帝，自我总结一生有"十全武功"，自诩为"十全老人"。其实，他也是最会玩、最能折腾的皇帝。他曾六下江南，一生作诗4万多首，本丛书中介绍的很多典故与传说都与他有关。

乾隆还喜欢封赏古树，除了千年银杏"帝王树"外，北京市北海公园团城承光殿东侧一株800多年的白皮松和700多年的油松，分别他被封为"白袍将军"和"遮荫侯"；在团城的西侧墙里，曾有一株古松，主干弯曲，犹如卧龙探海，被他封为"探海侯"；杭州市西湖狮峰山下胡公庙前的18棵西湖龙井茶树被他封为"御茶"；吉林市龙潭山上一株高大的桦树被他封为"神树"。

除了上面提到的这些"王侯将相"古树，历史上还有吴越王钱镠（liú）封幼年玩耍的大树为"衣锦将军"、朱元璋封对他有救命之恩的柿子树为"凌霜侯"、康熙皇帝封北京景山公园内两株800多年的桧柏为"二将军柏"，以及陕西省黄陵县黄帝陵景区轩辕庙内5000多年的"轩辕柏"、延安市黄陵县阿党镇川庄村5000多年的"老君柏"、台湾阿里山主峰上3000多年的"周公桧"、北京市地坛公园内约800年的"独臂将军柏""大将军柏""老将军柏"三株古树……

第十八讲 桐庐严子陵钓台：
天下第一钓台

浙江杭州桐庐严子陵钓台

一、严光：高风亮节的著名隐士

严光（前39—41），又名遵，字子陵，会稽余姚（今浙江宁波余姚）人，东汉著名隐士。

严光出身于一个世代为官的家族，他的父亲严延年曾担任过太尉、司空等重要职务。然而，严光却对官场生活并不感兴趣，从小就立志要成为一名有道德、有才能的君子。

严光年轻时就颇有名气，曾到外地拜师求学，与南阳人刘秀结识，成了很要好的同窗。时局动乱，同窗诸人各奔东西。刘秀投笔从戎，参加了反抗王莽的农民起义军。严光却认为乱世富贵并不荣耀，但求清心超脱保全名节，于是隐居起来，不轻易与人交往。

刘秀转战南北，最终削平群雄，建立东汉，成就帝业，即光武帝。刘秀鉴于社会由乱到治，需要贤士辅佐，因而缅怀少年时的同窗好友严光博学多识，希望访寻他来辅助治理国政。他先后多次发布诏书，详细描述严光的样貌特征，及其言行性格，由人四处张贴。

有一回，齐国上书报告，说有一名男子身披羊裘，经常在江河畔垂钓。光武帝料想他是严光，忙命人准备车辆，派专使携带礼物去聘召他，三次遭到他的拒绝。最后，使臣只好前挽后推地拥他上车，接到洛阳。光武帝连忙关照将他安置在北军住宿。严光睡的是锦绣被褥，吃的是山珍海味，受到精心服侍、优厚款待。

大司徒（相当于丞相）侯霸，与严光是旧相识，忙派人带着亲笔信去问候。使者对严光说："司陡听说先生来京，本想马上来问候，但因公务繁忙，待傍晚稍闲时前来接受先生的教诲。"严光却不回答。使者要求他写封回信，以便向主人交差。严光借口手不能写，而是口授回复："君房（侯霸的字）先生，您位极人臣，很好。如果心怀仁德辅助皇帝并按道义行事，天下人都会称赞；但一味阿谀逢迎皇帝旨意的话，就应当斩首。"❶

侯霸将情况报告给光武帝，光武帝听了笑着说："这是狂奴的老脾气，用不着计较。"说着，马上命人驾车出宫，亲自看望严光。严光仍睡在

---

❶ 原文为："君房足下，位至鼎足，甚善。怀仁辅义天下悦，阿谀顺旨要领绝。"

床上，置之不理。光武帝走到床前，用手抚摸着严光的肚子说："子陵啊子陵，你不肯出来辅佐我，是什么缘故？"严光依然假装闭目入睡，过了好久才睁眼看了一下说："从前唐尧有天下，德行远闻，巢父尚且不愿接受禅让而隐居起来。人各有志，为什么一定要强逼呢！"光武帝说："子陵，我真不能说服你呵！"一边叹息，一边登车回宫。

不久，光武帝邀请严光进宫，既畅叙昔日旧事，又谈论治国平天下的道理。光武帝和颜悦色地说："子陵，我比过去怎么样？"子陵说："你不如过去！"晚上，两人睡在一起，严光竟然将脚搁在光武帝的肚子上。第二天，太史官报告，说："客星侵犯帝座，甚急。"光武帝听了大笑说："这是我和旧友同睡呵！"

光武帝想任命严光为谏议大夫，而他却坚决不肯接受，并远离帝京，来到风景秀丽的富春江畔，过着边读边耕边垂钓的隐居生活。建武十七年（41），光武帝再次下旨征召，严光仍然不愿做官，直至80岁，终老在家乡。

严光这种不慕富贵、不图名利的思想品格，一直受到后世的称誉。人们把他垂钓的地方命名为"严陵濑"，至今这里仍为富春江上一处著名的旅游景点。

二、严子陵钓台：十大钓台之首

严子陵钓台，位于富春山东侧山麓濒富春江处，距浙江省杭州市桐庐县城15千米，与处于渭水之滨的姜尚钓台、山东濮州的庄周钓台等并称为"中国十大钓台"。十大钓台中，声名最大的就是严子陵钓台，为国家AAAA级景区。

严光因为拒绝光武帝的征召，一直受到后人敬仰。早在唐朝，富春山麓严子陵钓台临江处就建有严陵祠。孟浩然、李白、刘长卿、权德舆、李德裕都曾作诗对严光表示敬仰之情。

宋景祐元年（1034），范仲淹被贬为睦州知州，因仰慕严光的高风亮节，大规模重建严先生祠堂，写下了著名的《严先生祠堂记》，高度赞颂了严光"不事王侯，高尚其事"的品德，以"云山苍苍，江水泱泱；先生之风，山高水长"讴歌严光。

自严先生祠堂重建、范仲淹《严先生祠堂记》问世后，严子陵钓台的名声越来越大，前来瞻仰的人也越来越多，他们写下大量诗文。其中最值得一提的，是南宋爱国志士谢翱西台哭文天祥一事和他的《西台恸哭记》。

谢翱，南宋爱国诗人、抗元志士。宋恭帝德祐二年（1276）正月，元兵攻陷临安。七月，文天祥开府延平号召各地举兵勤王。谢翱投奔文天祥，被任命为谘议参军。景炎三年（1278），文天祥兵败被俘，谢翱辗转各地继续从事抗元活动，在白云源时与方凤、吴思齐等南宋遗民成立汐社，写下了大量缅怀故人、抒写亡国之痛的诗篇。元至元十九年（1282），文天祥被杀，谢翱悲愤不已。文天祥殉难八周年忌日，谢翱登上严子陵钓台哭祭文天祥，以竹如意击石作楚歌为文天祥招魂，祭祀完毕后写下了著名的祭文《西台恸哭记》。

历代文化名人李白、范仲淹、孟浩然、苏轼、陆游、李清照、朱熹、张浚、康有为、郁达夫、张大千、陈毅、郭沫若、巴金等都慕名来过严子陵钓台，并留下诗文佳作。据统计，从南北朝至清朝就有1000多名诗人、文学家来过此地，留下2000多首诗文。因严光隐居垂钓而闻名古今的严子陵钓台，经过一代代文坛大家的增色添彩，俨然已成为富春江流域隐逸文化独一无二的代表。

1982年，桐庐县为缅怀严光，重新修建了该景区。如今的严子陵钓台景区分为钓台、富春江小三峡、江南龙门湾三大区块。景区内有东台、西台、客星亭、严先生祠、石坊、钓鱼岛、天下第十九泉、华东第一碑林等景点。

东台，即传说中严子陵隐居垂钓之处，台上巨石如笋，相传为严子陵垂钓时支撑钓竿所用。西台则为另一处观景台，在此可远眺富春江小三峡的壮丽景色。严先生祠内，立有范仲淹所撰的《严先生祠堂记》石碑。景区内不仅有丰富的自然美景，更有深厚的人文底蕴。全长53米的"富春江诗文碑林"长廊，荟萃了历朝诗文，云集了书法家的挥毫之作。

钓台前面的富春江，风光与"长江三峡"颇为相似，故有"富春江小三峡"之美誉。江南龙门湾，是富春江上一处天然港湾，集峡谷、平湖、孤屿、悬崖、瀑布、奇松于一体。

三、东汉时期其他隐士的故事

我国是一个拥有5000年历史的文明古国。在这漫长的历史中，出现了很多名人，其中有些名人不求仕途，归隐山林或田园，做了隐士，被传颂千年。

史书中记载的最早的隐士是许由，尧帝听说了许由的贤德，想把天下让给他，他不想接受，逃到了箕（jī）山，尧帝又想任命他为九州长官，他跑到颍水边洗耳，表示自己不愿为尘世所扰；武王伐纣，商朝王族的旁支——孤竹国君的两位王子伯夷、叔齐回天无力，归隐首阳山，发誓不食周粟而饿死；老子骑着青牛西行至函谷关，因尹喜之请，留下《道德经》扬长而去，从此杳无踪迹，尹喜对老子出关的描述颇为神秘：紫气东来，圣人西行。在浩如烟海的历史书籍中，有关隐士的记载，内容不多，分量却不轻。可见，隐士是中国的思想和文化史不可或缺的重要组成部分。

严光之所以著名，很大程度上是因为他是刘秀的同窗。如果严光的同窗是朱元璋（朱元璋没上过学，也没有同窗），下场恐怕会很糟。朱元璋写过一篇《严光论》，他认为：罪莫大于严光。国家需要人才，而严光却置身事外，人才不为我用，就会为我所杀！朱元璋充满杀气的言论，让士子噤若寒蝉。

东汉历史上，还有一位比严光更倔的隐士。

汉安帝时期，南阳人樊英隐居于壶山之阳，据说也是一方高人，举孝廉的时候，州郡长官屡次相请无效。越是请不动，樊英的名气越大，汉安帝下策书征召他入宫，他还是不为所动。皇帝也不善罢甘休，以当年刘秀请严光的礼仪来请樊英出山，樊英依然无动于衷。

汉安帝如此诚挚地邀请樊英竟然连他一面都无法见到，恼羞成怒，下诏责骂州郡县三级行政长官，对他们深表失望，谴责他们对士人照顾不周，所以士人才不愿服务于朝廷。

樊英觉得再这么顽固下去要闹出人命，州郡县的长官素来与他无干，他们若因自己的傲慢送命，这个债还不起。所以他不得已，应召入宫，被拜为五官中郎将。他在任上只做了一件事——装病。皇帝也不生气，派御医给他治病。后来，他又被任命为光禄大夫，这是一个闲职，于是樊英告病回家，朝廷每年赐粮赐绸赐酒。

因为刘秀尊敬对待严光的先例，东汉皇帝对待隐士的耐心值得佩服，几次三番折腾，毫无所获，皇帝也不生气。

宋代《资治通鉴》里还记载了东汉隐士徐稚和姜肱（gōng）的故事。

尚书令陈蕃（fán）向皇帝上疏推荐了五个人：豫章徐稚、彭城姜肱、汝南袁闳、京兆韦著、颍川李昙。这五个人没有一个应征入官的。

徐稚家里穷，但不愿意接受救济，恭俭义让，邻居很佩服他的德行。陈蕃当豫章太守的时候，请徐稚做客，陈蕃爽直，一般人不接待，但他给徐稚定制了一个专属的凳子。徐稚不在的时候，将凳子挂起，以示尊重。陈蕃后来调任太原太守，屡召徐稚做官，徐稚一直不答应。后来，陈蕃死了，徐稚烤了一只鸡，用酒浸泡过的棉絮包裹，只身一人来到墓道口，不和任何人打招呼，把鸡打开，把棉絮里的酒拧出来，洒在墓道口，拜祭而去，不见死者家属。

姜肱和两个弟弟仲海、季江都以孝顺父母、友爱兄弟闻名，三兄弟经常同被而眠。有一天，姜肱和弟弟季江去城里，半夜被盗贼打劫，盗贼想杀他们，姜肱说："弟弟年幼，还没娶老婆，父母最疼他，要杀就杀我吧。"弟弟说："哥哥是当今名士，家之珍宝，国之英俊，死了可惜，要杀就杀我吧。"盗贼放了他们两个，但抢了他们的衣服，两个人赤条条地到了城里，大家问他们为什么不穿衣服，两人都不说自己半路遭劫，顾左右而言他。盗贼听说此事，觉得羞愧，找到姜肱，归还赃物，向他磕头谢罪。姜肱不受，只字不提以前之事，反而以酒肉招待他。

徐稚为了知己，不惧世人眼光；姜肱为人友善，对盗贼不计前嫌，在他们身上，我们可以窥见隐士身上的气节和坚守。

隐士之风起源于东汉，盛行于两晋南北朝，尽管他们左右不了时代，但给中国历史提供了别样的生动色彩。

第十九讲　洛阳白马寺：
　　　中国第一古刹

河南洛阳白马寺

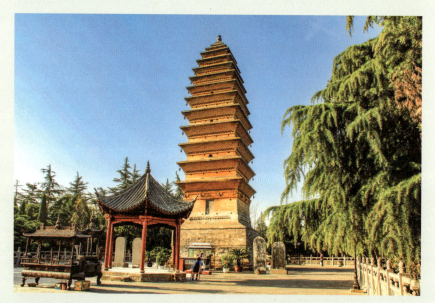

白马寺齐云塔

一、汉明帝与"白马寺"

2000多年前，驮经的白马，远涉重洋，跋山涉川，不远万里从天竺（印度的古称）来到洛阳。自此之后，白马驮来的佛家文化与中原文化在洛阳古城里碰撞出经久不息的火花。这次碰撞，激起了千千万万人心中的涟漪，他们开始用佛家智慧思考人生，诠释生命，一心向善，普度众生。

地处黄河中下游的河南洛阳，十三朝古都，孕育了中国几千年的历史文化，是华夏文明的摇篮。

在这座历史名城中，坐落着中国第一古刹——白马寺。

白马寺始建于东汉永平十一年（68），它的由来源自东汉明帝的一场梦。据史书记载，明帝刘庄某天夜晚做梦，梦见一位金人，体型健壮，身高十几米，头顶冒金光，脚踏祥云从西方飞来。

梦醒后皇帝将自己在梦中所见告诉给大臣，官员们十分惊喜，告诉皇帝说此梦是吉祥之兆，预示着神佛将要降临。皇帝听此消息，倍感欣喜，立即派遣郎中蔡愔（yīn）、博士弟子秦景等赶赴天竺，诚心朝拜，祈求佛法。

求佛者跋山涉水，历时1年来到了大月氏国（今阿富汗一带）。在这里，他们遇见了传佛僧人摄摩腾和竺法兰二人，并叩问何处可求真经。两位传佛僧人见其诚心求佛，便跟随他们来到洛阳，将佛教带到了中国。

汉明帝得知两位西域传佛僧人到来，迫不及待出门相迎，先给他们安顿好住处，又特地兴建了一座传译佛经的殿堂。此外，还在洛阳城西郊建了一座寺庙。由于跟随传佛僧人一起来到洛阳的还有驮载经书和佛像的白马，因此，这座寺庙被命名为"白马寺"。

此后，白马寺便成为东汉时期传扬和学习佛经佛法的讲习之地，它是中国历史上第一座由皇帝主持的官办寺庙，因而被称为中国佛教的"释源"和"祖庭"。

二、白马寺的空间布局

白马寺自建成以来，几经兴废、重修。

到了隋唐，由于佛教的兴盛，白马寺达到鼎盛时期，全国乃至世界各国大德高僧纷纷前来朝拜，其中就有为中日友好做出过重大贡献的唐代高僧鉴真和尚。女皇武则天也多次亲临，使得白马寺呈现空前繁荣的景象。唐代著名诗人王昌龄写下"月明见古寺，林外登高楼。南风开长廊，夏夜如凉秋"，赞誉白马寺幽雅的氛围。

唐朝末期，全国范围的灭佛运动，使白马寺受到重大打击。

北宋时期，太宗赵光义又下令重修白马寺。

元至顺四年（1333），大书法家赵孟頫为白马寺题写《洛京白马寺祖庭记》石碑，现仍立于寺内，是一件不可多得的艺术珍品。

白马寺现有五重大殿（天王殿、大佛殿、大雄殿、接引殿、毗卢阁）和四个大院（齐云塔院、印度佛殿苑、泰国佛殿苑、缅甸佛塔苑）。

我们今天看到的白马寺五重大殿是在明嘉靖三十五年（1556）整修的，大门匾额就是当时镶嵌的。

游览白马寺，不但可以瞻仰那些宏伟、庄严的殿阁和生动传神的佛像，而且可以领略几处包含有生动历史故事的景物。

（一）腾兰墓

在古色古香的白马寺山门内大院东西两侧茂密的柏树丛中，各有一座坟冢，这就是有名的"二僧墓"。东边墓前石碑上刻有"汉启道圆通摩腾大师墓"，西边墓前石碑上刻有"汉开教总持竺法大师墓"。

这两座墓冢的主人便是拜请来汉传经授法的高僧——摄摩腾和竺法兰。石碑上的封号是宋徽宗赵佶追封的。在清凉台上还有二位高僧的塑像。它们寄托着中国佛门弟子对二位高僧的敬慕之情。

（二）大佛殿

大佛殿是白马寺的第二重大殿，因殿内供奉主尊为大佛（释迦牟尼）而得名，是寺院的主要殿堂，凡重大佛事活动均在此举行。

大佛殿东南角有一口明嘉靖三十四年（1555）铸造的铁钟，仍悬挂在殿内。铁钟重达2500公斤，上有铭文"钟声响彻梵王官、下通地府震幽灵……"

"马寺钟声"是洛阳古八景之一，据说每当月白风清之夜、晨曦初露之时，和尚上殿念经，击磬撞钟伴诵，白马寺钟声悠扬数十里，城内东大街钟楼上的大钟也能与之共鸣；反之，撞击城内钟楼，白马寺钟也能共鸣。

（三）大雄殿

大佛殿后面是供奉着中央释迦牟尼佛、东方药师佛、西方阿弥陀佛"三世佛"的大雄殿，两厢分列十八罗汉。这些罗汉坐像姿态不一，神情各异，是元代用干漆夹苎造像工艺塑成的，十分珍贵。

所谓干漆夹苎造像之法，大致是先用漆、麻、丝、绸在泥胎上层层裹裱，然后揭出泥胎，制成塑像。此工艺历史悠久，盛于隋唐，宋后则渐渐失传，存世造像极为罕见。

（四）清凉台

清凉台被称为"空中庭院"，是白马寺的胜景。清康熙年间，寺内住持和尚如诱曾作诗赞美道："香台宝阁碧玲珑，花雨长年绕梵官，石磴高悬人罕到，时闻清磬落空蒙。"

这座长43米、宽33米、高6米，由青砖镶砌的高台，具有古代东方建筑的鲜明特色。

（五）毗卢阁

毗卢阁初建于唐朝，位于清凉台上。毗卢阁内供奉释迦牟尼的清净法身毗卢佛，旁立文殊、普贤菩萨。

毗卢阁重檐歇山，飞翼翘角，蔚为壮观，旁边有配殿、僧房等附属建筑，布局整齐，自成院落。院中古柏苍苍，金桂沉静，环境清幽。阁东西配殿供奉有摄摩腾、竺法兰像。

（六）齐云塔

白马寺山门东侧，有一座玲珑古雅、挺拔俊秀的佛塔，这就是有名的齐云塔。

齐云塔是一座四方形密檐式砖塔，13层，高35米。它造型别致，在古塔中独具特色，不可多得。齐云塔前身为白马寺的释迦如来舍利塔，始建于东汉永平年间，现在的齐云塔为金大定十五年（1175）重建的，为洛阳现存最早的古建筑。

三、佛教对园林的影响

佛教与基督教、伊斯兰教并称为世界三大宗教，在公元前6—前5世纪，由释迦牟尼创建于古印度，以后广泛传播于世界各地，对许多国家的社会政治和文化生活产生过重大影响。

佛教创始人释迦牟尼生于今尼泊尔境内的蓝毗尼，是释迦族的一个王子。他在青少年时即感到人世变幻无常，一直深思解脱人生苦难之道，并在29岁出家修行。得道成佛后，他在印度恒河流域中部地区向大众宣传自己证悟的真理，信徒越来越多，从而组织教团，形成佛教。

佛教的基本教义，是要人们认清苦因，看破红尘，熄灭一切欲望；通过出家修行，到彼岸的极乐世界去寻找人生的最后归属。

东汉永平十年（67），佛教由西域传入我国，因其清净无为的隐忍思想深受统治者垂青，得以迅速发展。佛教在中国的影响远远超过了本土的儒教和道教，在我国的传统思想中占有主导地位。原本用于中央行政机构的"寺"，也成为佛教建筑的专用名词。

随着佛学日益兴盛，佛寺建筑与园林也大为发展。唐代诗人杜牧《江南春》中的"南朝四百八十寺，多少楼台风雨中"一句，就是指南朝时期都城建康（今南京）大建佛寺的辉煌盛况。

佛寺园林一般指佛寺的附属园林，包括佛寺内外的园林化环境。

天下名山僧占多。唐代诗人钱珝（xǔ）咏庐山诗云："只疑云雾窟，犹有六朝僧。"佛寺园林的构景偏重于借助自然景观，着力于因地制宜、景到随机，在与自然千丝万缕的联系中，创造出千变万化、丰富多彩的佛寺园林景观。

佛寺园林一般具有如下特点。

（一）宗教性

佛寺园林的最大特点，在于它具有宗教性质，是服务于佛教活动的景观环境。

因此，它首先要满足僧众和游客在佛寺中从事宗教活动的需要，这就要求佛寺园林维持佛事活动建筑的基本格局。

例如，佛殿神堂必然成为佛寺园林的中心；寺院中的水池多是供善男信女积德行善用的放生池；为表现中国传统思想中的宗法伦理关系的代表——秩序，必然形成轴线式的多进院落：从山门、钟鼓楼、天王殿、大雄宝殿、藏经阁，到僧舍、佛塔、石室，形成充满宗教色彩的有序空间组合；再加上佛塔、经幢、碑刻、摩崖造像等宗教小品点缀其中，形成了既具有宗教色彩，又亲和宜人、心旷神怡的优美景致。

（二）人文性

中国园林总是与文人墨客产生密切的联系。诗词歌赋或篆刻于碑岩之上，或制成匾额高悬于亭台之上，这在佛寺园林中不胜枚举，成为一道独特的人文景观。其原因在于，历史上的文人墨客、学者隐士总与寺僧关系密切。

比如：佛学宗师慧远和道学宗师陆修静，曾与谢灵运和陶渊明在庐山结社，著名的"虎溪三笑"就是陶、陆、慧远三人在东林寺言谈忘情的典故佳话。

又如：峨眉山报国寺山门正面的牌坊上挂着"天下名山"的匾额，是历史学家、大文豪郭沫若所题；山门背面"佛教圣地"四字匾额由中国佛教协会原会长赵朴初手书。

文人墨客的即兴之笔，在历史的风蚀中成为珍贵的文化遗产，也成为独特的文化景观，使佛寺园林在宗教的基底下洋溢着人文化的情怀。

（三）景观性

佛寺园林除了作为弘扬佛法、供寺僧苦度修行、世人行善积德的场所外，它的公共性也使它具有一定的游赏功能，这就必然要求它具有宜人的环境、优美的景观。

佛寺僧侣与文化隐士之间有某种联系，佛寺园林必然受到文人墨客的关注。这些学者名流具有一定的审美素养，有些甚至参与、主持过一些传统园林的修建。

因此，在佛寺周围的自然环境中，以园林构景手段和建筑处理手法，改变自然环境空间的散乱无序状态，加工修剪自然景观，使自然空间上升为园林空间；而佛寺建筑围合的园林空间组合、景观布局，必然会受到传统园林的影响，体现出士大夫园林中讲究构景、精巧美观的秉赋，透露出传统造园的痕迹。

第三篇
学术与园林

第二十讲 汉赋：
环境美学思想与园林

清·毕沅《关中胜迹图志》之"终南山图"

清·毕沅《关中胜迹图志》之"南五台图"

一、辞赋：汉代文学的代表

汉赋，是在汉朝涌现出的一种有韵的散文。它的特点是篇幅长，多采用问答体，韵散混杂，没有一定的限制。

赋是汉代最流行的文体。在两汉的400多年间，一般文人多致力于这种文体的写作，因而盛极一时，后世往往把它看成是汉代文学的代表。

从赋的形式上看，在于"铺陈文采"；从赋的内容上说，侧重"托物言志"。

汉赋的内容可分为五类：一是渲染宫殿城市；二是描写帝王游猎；三是叙述旅行经历；四是抒发不遇之情；五是杂谈禽兽草木。前面两类是汉赋的代表。

汉赋在结构上，一般都有三部分，即序、本文和被称作"乱"或"讯"的结尾。汉赋在后期写法上多用华丽、繁艳的辞藻来大肆铺陈，把全部气力花在声势和画面的展现上，为汉朝的强大或统治者的文治武功高唱赞歌，只在结尾处偶尔略带几笔，微露讽谏之意。

汉赋的形成和发展可以分为三个阶段。

第一阶段从汉高祖初年至武帝初年。

这一时期的辞赋主要是所谓的"骚体赋"，继承《楚辞》的传统，内容多是抒发作者的政治见解和身世感慨，代表人物是贾谊和枚乘。

在贾谊仅存的四篇赋中，《吊屈原赋》是汉初骚体赋的代表作，是以骚体写成的抒怀之作，也是汉人最早的悼念屈原的作品，开汉代辞赋家追怀屈原的先例。

他的《鹏鸟赋》在艺术形式上，受庄子寓言影响，以人鸟对话展开，开汉赋主客问答体形式的先河；同时，此赋以整齐的四言句为主，有散文化的倾向，体现了向汉大赋的过渡。

枚乘的赋作《七发》，用了七大段文字，铺陈音乐的美妙、饮食的甜美、车马的名贵、漫游的欢乐、田猎的盛况和江涛的壮观。它通篇是散文，偶然杂有楚辞式的诗句，并且用设问的形式构成章句，结构宏大，辞藻富丽。《七发》的出现，标志着汉代散体大赋的正式形成。

第二阶段从西汉武帝初年至东汉中叶。

《汉书·艺文志》著录汉赋900多篇，作者60多人，大部分是这一时期的作品。从流传下来的作品看，内容大部分是描写汉帝国威震四邦的国势、新兴都邑的繁荣、水陆产品的丰饶、宫室苑囿的富丽，以及皇室贵族田猎、歌舞时的壮丽场面，等等，代表人物有司马相如、扬雄和班固等。

司马相如是汉代大赋的奠基者和成就最高的代表作家。他最著名的代表作是《子虚赋》和《上林赋》。这两篇赋在汉赋发展史上具有极其重要的地位，它们以华丽的辞藻、夸饰的手法、韵散结合的语言和设为问答的形式，大肆铺陈宫苑的壮丽和帝王生活的豪华，充分表现出汉大赋的典型特点，从而确定了一种铺张扬厉的大赋体制和所谓"劝百讽一"的传统，后人难以超越。

扬雄是西汉末年最著名的赋家。《甘泉赋》《河东赋》《羽猎赋》《长杨赋》是他的代表作。这些赋在思想、题材和写法上，都与司马相如的名赋相似，不过赋中的讽谏成分明显增加，而在艺术水平上有了进一步的提高，部分段落的描写和铺陈相当精彩，在模仿中有自己的特色。

班固是东汉前期的著名赋家。他的代表作是《两都赋》。该赋在体例和手法上都模仿司马相如，是西汉大赋的延续，但他把描写对象，由贵族帝王的宫苑、游猎扩展为整个帝都的形势、布局和气象，并较多地运用了西汉都城长安、东汉都城洛阳的实际史料，因而较之司马相如、扬雄等人的赋作，有更为实在的现实内容。

第三阶段从东汉中叶至东汉末年。

这一时期汉赋的思想内容、体制和风格都开始有所转变，歌颂国势声威、美化皇帝功业、铺陈文采的大赋逐渐减少，而反映社会黑暗现实、讥讽时事、抒情咏物的短篇小赋开始兴起，代表人物是张衡。

张衡的代表作是《二京赋》和《归田赋》。

《二京赋》包括《西京赋》和《东京赋》两篇，除了像《两都赋》一样，描写了帝都的形势、宫室、物产以外，还写了许多当时的民情风俗，容纳了比较广阔的社会生活。

他的《归田赋》以清新的语言，描写自然风光，抒发自甘淡泊的品格，这在汉赋的发展史上是一个很大的转机。他把专门供帝王贵族阅读欣赏的大赋，转变为个人言志抒情的小赋，使作品有了作者的个性，风格也由雕琢堆砌趋于平易流畅。

二、汉赋中的环境美学思想

（一）自然观

汉赋多描写都城、宫苑中的自然景观，以其中涉及的鱼、鸟描写为例，可以看出由西汉到东汉的赋作中自然观的演变。

汉赋中涉及鱼鸟描写的作品大致可分为两大类：一类是以司马相如《上林赋》为代表的汉大赋，另一类是以张衡《归田赋》为代表的抒情小赋。

以司马相如、扬雄等的赋作为代表的汉大赋中的景观描写，是一种罗列式的记叙性描写，是封建意志的体现，并非个人眼中令人愉悦的风景。

司马相如的《上林赋》是《子虚赋》的续作。

在《子虚赋》中，作者描写了楚国使臣子虚与齐王对游猎规模的争论。子虚在随齐王参加了一场声势浩大的游猎活动之后，齐王问他楚国的游猎之地和楚王的游猎规模跟齐国相比如何，子虚便向齐王讲述了楚国的七大泽中的一个"小小者"，描述其山川物产以及楚王在此的游猎情景，意图压过齐王的气焰。

《上林赋》是从《子虚赋》引申而来的，先写子虚、乌有两个人的争论，然后引出天子（汉武帝）在上林苑狩猎的事情；之后依次夸耀上林苑中的草木、水势、鸟兽、台观等，然后写天子狩猎后庆功，最后写天子反思自己的行为。

《上林赋》开头一段，在描写了"八川"的水流之势之后，写其注入"太湖"，以"于是"二字引起湖中鱼与水鸟的罗列描写，场面十分壮观❶。

扬雄的《蜀都赋》极尽言辞，铺陈蜀都（今四川成都）的地理风物，其中一段是写蜀都的水产，说其浅水处有各种水鸟，深水处有各种鱼鳖之类❷。

---

❶ 原文为："然后灏溔潢漾，安翔徐回，翯乎滈滈，东注太湖，衍溢陂池。于是乎蛟龙赤螭，䲠鰽渐离，鰅鰫鳍鮀，禺禺魼鳎，揵鳍掉尾，振鳞奋翼，潜处乎深岩，鱼鳖讙声，万物众伙……鸿鹔鹄鸨，鵁鹅属玉，交精旋目，烦鹜庸渠，箴疵鵁卢，群浮乎其上。"

❷ 原文为："于汜则注注漾漾，积土崇堤。其浅湿则生苍葭蒋蒲，藿芧青苹，草叶莲藕，茱华菱根。其中则有翡翠鸳鸯，枭鸬鹔鷞，霍鸥鹅鷈。其深则有猵獭沈鳝，水豹蛟蛇，鼋鼍鳖龟，众鳞鳎鲩。"

此外，张衡《西京赋》中的一段描写了上林苑昆明池的景观，《南都赋》中的一段描写了陪都南阳河川的景象。与司马相如的赋一样，其中提到的鱼鸟都采用了罗列的方式，这更像是一种风物记述，而非景物描写。

张衡的抒情小赋《归田赋》中的景物描写是由作者自己的心和眼来对自然作审美的观照，这是完全摆脱了封建意志的、从自我意识明确的个体出发的诗意的自然描写。

（二）山水审美

自先秦以来，山水就是中国传统园林文化的重要意象，汉赋中也有对山水题材的描写，既有百川灌河的地理叙述，又有山光水色的抒情润笔，继承了《诗经》《楚辞》等先秦文献中的"山水"比德思想与寄志抒情，又融入了汉代思想文化。

汉代赋家对于山水自然图景的宏巨铺陈和对于汉代帝国的映衬影射，可以分为自然山水、文化山水和游仙山水三大类。

1. 自然山水

汉代气候较为温暖，适合植物生长，山水游览也十分发达，比如西汉都城长安就南邻终南山、北濒渭水。终南山高踞秦岭，为汉代赋家的创作提供了丰富的素材。

班固《终南山赋》中提到了"长安八水"（渭、泾、沣、涝、潏、滈、浐、灞）。班固《西都赋》和张衡《西京赋》等京都赋也都以地理山水定位，描述长安气象。

而东汉赋家们则更加关注都城洛阳的山水风貌，除了京都风貌，作者的视野也开阔至地方山川，杜笃《论都赋》就以山水为骨回溯了雍州历史。

汉代上林苑和菀园等人工山水园林也被纳入了汉赋书写范围之中——如司马相如《上林赋》、枚乘《梁王菟园赋》。作者以广阔的视角，生动鲜活地记录了汉代帝王和贵族的园林活动。

2. 文化山水

山水自从进入汉赋创作中，就不再是一种地理叙述，而与其他自然因素相结合，蕴含了文化意味。

汉赋中的文化山水，概括起来可分为两类：映衬宫苑和托物抒情。

描写京都宫苑的赋作往往借助山水空间，夸耀帝王林苑之广阔、物产之丰饶。宏大的山水更有利于表达汉宫气象，也契合了汉代宫廷文学的审美。

以上林苑为例，司马相如《上林赋》中的山水与宫苑相呼应，以自然山水的天然胜景衬托上林苑的宏富壮丽。而班固《西都赋》和张衡《西京赋》中的上林苑，则被赋予了更多神化色彩。

帝王宫苑结合山水空间，诸侯园林也取材于山水，辞赋作家在山水天地中展开了丰富的文学体察和想象，枚乘《梁王菟园赋》就是其中的典型代表。

此外，班固的《两都赋》和张衡的《二京赋》也融汇了山光水色和都邑民俗。

东汉以后，宏大山水叙事向个人抒怀转变，登山临水、托物抒情成为这一时期辞赋的特点，如蔡邕（yōng）的《述行赋》。在赋向咏物转变的背景下，山水寄怀也就不可避免。

3. 游仙山水

汉代神仙、巫术思想盛行，君主希望自己可以长生不老、永掌政权。昆仑仙山作为神山，终南山地处关中地区，二者在汉赋中想象与现实相结合，遥相呼应。

司马相如的《上林赋》和《子虚赋》、扬雄的《羽猎赋》和《甘泉赋》、班固的《两都赋》等汉大赋也都在创作中融入了神话内容，将真实场景与游仙想象相结合，加以神灵化手法描写。

汉武帝在皇家园林上林苑内的建章宫后苑开凿大池，堆筑三岛模拟蓬莱、方丈、瀛洲三仙山。这种"一池三山"的做法成为历代王朝经营皇家园林的主要模式，也反映在汉赋中，如班固《西都赋》、张衡《西京赋》中对于神山圣水的描写，满足了帝王对于神仙世界的向往。

汉赋描写天子宫苑和京城地域的壮丽山水风貌，细述山林草木与河川鸟兽的物产丰美，表现了天子的威严和帝国的富庶，也体现出赋家开始形成成熟的模山范水技巧，为后世山水诗画、山水园林的发展和山水审美意识的觉醒，提供了丰润的思想土壤和艺术养分。

汉赋中的山水审美，促进了魏晋山水审美观念的成熟与山水园林的发展。

第二十一讲　乐府诗：
汉代流行歌与园林

北宋·刘寀《群鱼戏藻图》

一、成语"倾国倾城"的典故

提到汉代乐府诗，不能不提李延年。

李延年是汉武帝时期的宫廷音乐家，他不但善于歌舞，而且擅长音乐创作。他把乐府所搜集的大量民间乐歌进行加工整理，并编配新曲，广为流传，对当时民间乐舞的发展起了很大的推动作用。可以说，李延年对汉代音乐风格的形成及我国后来音乐的发展，做出了卓越的贡献。

成语"倾国倾城"，就出自李延年创作的《佳人曲》。

李延年早年因为犯罪，受了宫刑，被罚到宫里养狗。他因为面容姣好、能歌善舞而成为汉武帝的男宠。他得知王美人去世后，汉武帝想要找一个佳人入宫，于是想到了自己的妹妹。他心想如果妹妹可以获得汉武帝的宠爱，他家就崛起了。

自己身份卑微，怎样才能让妹妹入宫呢？

李延年想到了平阳公主。平阳公主是汉武帝的亲姐姐，她常常会将家中圈养的歌姬送给汉武帝，以求保全她的荣华富贵。当初就是她把卫子夫献给汉武帝的，后来，卫子夫成为皇后，平阳公主还嫁给了卫子夫的弟弟、大将军卫青。

李延年先向平阳公主引荐了自己的妹妹。这样一来，他妹妹就有了平阳公主做依靠，他们兄妹自然也就成为平阳公主在皇帝身边的眼线，会为她所用。

这个盟约达成了，他妹妹就等着入宫了。

为了让妹妹顺利入宫，李延年还特意谱了一首《佳人曲》，他在歌词中写道："北方有一位佳人，风姿绝世，亭亭玉立，回眸一望能倾覆城池，回首再望能倾覆国家。（我）岂能不知倾城倾国的祸患，只因为佳人难再得啊！"[1]

汉武帝听到这番唱词，不禁说："太好了！世上真有这样的佳人吗？"

平阳公主此时就接话说："远在天边，近在眼前，李延年的妹妹就是这样的佳人！"

汉武帝赶忙问李延年："果真如此吗？"平阳公主说："陛下见了不就知道了。"

---

[1] 原文为："北方有佳人，绝世而独立，一顾倾人城，再顾倾人国。宁不知倾城与倾国，佳人难再得！"出自东汉班固《汉书·外戚传下·孝武李夫人》。

于是，李延年的妹妹就出现在了后宫中，她长得倾城倾国、能歌善舞，一下子就把汉武帝给迷住了，汉武帝立即将她封为等级仅次于皇后的夫人，后世便将她称作"李夫人"。

李夫人一出现，就成为汉武帝的宠妃，集后宫三千宠爱于一身。

"一人得道，鸡犬升天"，李夫人的家人都受到了封赏。李延年是李夫人的二哥，他被汉武帝封为宫廷乐府的领导人——协律都尉；长兄李广利，做了贰师将军，后来又封海西侯；她的弟弟不成器，没有官职，但是却能在宫里横行霸道。

李夫人得宠，运气也好，一年后，她就给汉武帝生下了儿子刘髆（bó），被封为昌邑王。儿子降生后，李夫人在后宫的权力达到了巅峰，她的家族也成为西汉名门望族。

李夫人本来就娇弱，生产后身体还没有恢复，就开始侍寝，这让她的身体受到很大的损伤，一病不起。

宠妃生病，汉武帝自然担心，他没事就想要去看看李夫人，但是李夫人却以"不能为了她荒废朝政，让汉武帝专心处理朝政，让她也能安心养病"为由，让汉武帝暂时不要来见她。

一开始，汉武帝觉得李夫人很贤惠懂事，所以也就答应了没有来见她。但是人就是很奇怪，每天都能见到时，往往不稀奇；一旦不能见到，反而开始朝思暮想了。

过了几天，汉武帝就受不了了，他一下朝就冲到李夫人的寝宫，但是李夫人听到他进来，早就用被子把脸给捂起来了。

汉武帝试图拿开被子，想要见见李夫人，但李夫人就是不肯，她说："古代的圣人说过，妻子容貌不整，不能和夫君相见，因此我实在不敢以病容面见陛下。"

汉武帝说："没有关系，让朕看看你好不好？"

但是李夫人就是不让汉武帝看，她说自己生病了，容貌变得很丑，不愿意给陛下留下不好的印象。

汉武帝好言好语说了半天，李夫人就是不为所动，汉武帝哪里受过这样的气，甩手就出去了。

看到汉武帝生气了，李夫人的家人就问她："你为何要这样惹陛下生气呢？"

李夫人长叹一声，说："凭借美色而受宠的人，一旦姿色衰退就会令人爱意减退，爱意减退则会恩断义绝。如果陛下看到我现在憔悴的病容，在我死后，他怎么会善待我的家人呢？"

可见，李夫人能在后宫一众女子中脱颖而出成为宠妃，真的不是浪得虚名。

没多久之后，她就香消玉殒了。

即使是坐拥天下的风流帝王，连死前见一眼都是奢侈。因此，李夫人成了汉武帝最大的心结，他一生都没有忘掉她。

当然，一切的源头，都是这首绝美的诗歌——《佳人曲》，也叫《李延年歌》，这首诗成为后世五言诗的开端，诗中的"倾国倾城"也成为成语，流传千古。

二、乐府诗的发展与分类

乐府，指专门管理乐舞演唱教习的机构，最初设于秦代，是当时少府下辖的机构，正式成立于西汉武帝时期，职责是采集民间歌谣或文人的诗来配乐，以备朝廷祭祀或宴会时演奏之用。

据《汉书》记载，元鼎五年（前112），汉武帝下令建立乐府。到汉成帝末年，乐府人员多达800余人，乐府成为一个规模庞大的音乐机构。

武帝到成帝期间的100多年，是乐府的繁荣期。哀帝登基，下诏罢免乐府官员，大量裁减乐府人员，所留部分划归太乐令统辖，从此以后，汉代再没有乐府建制。

东汉管理音乐的机关分属两个系统，一个是太予乐署，行政长官是太予令，相当于西汉的太乐令，隶属于太常卿；另一个是黄门鼓吹署，由承华令掌管，隶属于少府。东汉的乐府诗主要是由黄门鼓吹署搜集、演唱，因此得以保存。

乐府搜集整理的诗歌，原本在民间流传，经由乐府保存下来，汉代叫作"歌诗"，魏晋时始称"乐府"或"汉乐府"。它是继《诗经》《楚辞》之后兴起的一种新诗体。后世文人仿照这种形式所作的诗，也被叫作"乐府诗"。

汉乐府诗在文学史上有极高的地位，可与《诗经》《楚辞》鼎足而立。

汉乐府诗中，女性题材作品占重要位置，它用通俗的语言构造贴近生活的作品，由杂言逐渐趋向五言，采用叙事写法，刻画人物细致入微，创造人物性格鲜明，故事情节完整，而且能突出思想内涵，开拓了叙事诗发展成熟的新阶段，是中国诗歌史上五言诗体发展的一个重要阶段。

歌词，古代称为"歌诗"，被乐府收录以后，就称为"乐府诗"。按照来源大体分四类：第一类，用于国礼和祭祀，称为"郊庙歌辞"；第二类，来源于其他民族，叫"鼓吹曲辞"；第三类，来源于民间曲艺以及民歌，叫"相和歌辞"；第四类叫"杂曲歌辞"，意思是杂乱而无法分类，换成现代语言就是：其他类。

两汉时期，乐府诗的代表作品有《陌上桑》《孔雀东南飞》《十五从军征》《战城南》《妇病行》《孤儿行》《古歌》《饮马长城窟行》《上邪》《有所思》《上山采蘼芜》《江南》《长歌行》《东门行》《艳歌行》《蛱（jiá）蝶行》等。

三、乐府诗中的园林描写

（一）《江南》

"江南可采莲，莲叶何田田。鱼戏莲叶间。鱼戏莲叶东，鱼戏莲叶西，鱼戏莲叶南，鱼戏莲叶北。"

听到这首诗歌，不由得让人想起《甄嬛传》中，安陵容凭借此曲在宴会上重新得到皇帝的宠爱，那段剧情的设定是在圆明园，圆明园作为万园之园，园林风景自然十分优美。诗歌与风景，相互映衬，相得益彰。

这首诗描写了采莲时观赏鱼戏莲叶的情景，算得上是采莲诗的鼻祖。诗歌描绘了江南地区采莲的热闹欢快场面，从穿来穿去、欣然戏乐的游鱼中，我们似乎也听到了采莲人的欢笑。

这首诗在乐府诗分类中属于"相和歌辞","相和歌"本是两人唱和，或一个唱、众人和的歌曲，诗的前三句是主体，后四句只是敷演第三句"鱼戏莲叶间"，起到渲染、烘托的作用。因此，"鱼戏莲叶间"以下四句，可能是和声。

也就是说，这首诗的前两句可能是男歌者领唱；第三句是众男女合唱；后四句当是男女的分组和唱。

这样安排，使得采莲时的情景更加活泼有趣，因而也更能使人领会到这首歌表现手法的高妙。诗中"东""西""南""北"并列，极易流于呆板，但此歌如此铺排，却显得文情恣肆，极为生动，从而充分体现了歌曲反复咏唱，余味无穷之妙。

后世园林作品中，常常借用这首诗的意境——池沼里养着金鱼或各色锦鲤，夏秋季节荷花或睡莲开放，游览者看"鱼戏莲叶间"，从各个角度看都是一幅优美惬意的江南风景画。

（二）《蛱蝶行》

"蛱蝶之遨游东园，奈何卒逢三月养子燕，接我苣蓿间。持之，我入紫深宫中，行缠之，傅㮤枦间。雀来燕，燕子见衔哺来，摇头鼓翼，何轩奴轩。"

这首诗的译文如下：

阳春三月艳阳天，蝴蝶飞舞在东园。忽逢觅食哺雏燕，捕捉我于苣蓿间。

持我宫中斗拱边，雏燕见状尽开颜。摇头扇翅舞翩跹，欢呼雀跃争上前。

这是一首构思奇特、想象丰富的汉乐府古辞，写得非常优美。此诗句大意是写一只翩翩飞翔的蝴蝶，被母燕擒回鸟窝哺育幼鸟，从蝴蝶眼中看燕子的行动，用蝴蝶的口吻叙说事情经过，写得极为生动有趣。

阳春三月，深宫大院，鸟语花香，彩蝶纷纷。这首诗用寥寥数语，把初春的皇家园林风光描写得淋漓尽致。

诗中的"东园"，泛指蝴蝶游遨的宫苑园林。

"苣蓿"，俗称金花菜，是一种野生的多年生开花草本植物。

"紫宫"，原指帝王居住的宫殿，这里是指燕子垒窝的高堂深院。

"槽枋"，就是斗拱，是中国木结构建筑的关键性部件，在横梁和立柱之间挑出以承重，将屋檐的荷载经斗拱传递到立柱，此处是指燕子垒窝的地方。

第二十二讲　神仙说：
仙境传说与园林

宋·佚名《松严仙馆图》

一、"神仙说"的构建

在中国民间信仰体系中，神仙信仰占据着非常重要的地位。周秦两汉时期是"神仙说"形成与发展的重要时期。

战国中晚期，"神仙说"在齐、燕两国已相当流行，并形成了昆仑与蓬莱两大神仙传说系统。秦汉时期，由于皇帝笃信神仙传说和方士之术，"神仙说"在此期间达到高潮。

在"神仙说"构建过程中，神仙的形象经历了一个发展演变过程。

关于神仙形象的描述，我国很早就出现了，但还没有完全从古代神话中解脱出来，早期的神仙多是脱离人世、超现实的半人半兽，如《山海经》中长着虎齿、豹尾的西王母，还有火神祝融、雷公、雨师等也莫不如此。

战国时期，神仙形象逐渐发生了变化。《庄子·逍遥游》中所描述的神人形象为："肌肤若冰雪，淖约若处子，不食五谷，吸风饮露，乘云气，御飞龙，而游乎四海之外。"这里所描述的神仙类似于姿态柔美的女子，但仍具有超然物外的特性。

到了秦汉时期，神仙形象开始人性化，一些具体的著名历史人物和方士被列入仙谱，这在西汉刘向的《列仙传》中有明显的表现，如老子、姜太公、东方朔等，这些神仙的人情味较浓，而且他们中更多的是神化的凡人。

受到秦始皇和汉武帝求仙采药活动的影响，神仙思想在汉代社会上的传播达到高峰，所以《列仙传》中收入神仙多达70人，而且，在汉代，修仙的人日益增多，连王莽也自称"神仙王"，说明汉代神仙思想深入上层社会。

在"神仙说"建构过程中，神仙境界也经历了一个逐渐演化形成的过程。

关于神仙居住之地记载最多的是《山海经》。《山海经·海内西经》中记载的神仙居所为："海内昆仑之虚，在西北，帝下之都。昆仑之虚，方八百里，高万仞，上有木禾，长五寻，大五围。面有九井，以玉为槛……百神之所在。"

到汉代，《淮南子·地形训》中记载的神仙居住的地方已经非常华丽："倾宫、旋室、悬圃、凉风、樊桐在昆仑阊阖之中，是其疏圃。疏圃之池，浸之黄水，黄水三周复其原，是谓丹水，饮之不死。"

"神仙说"经过不断演化构建后，到东汉道教创立时进入一个新的阶段。这一时期的神仙信仰成为道教信仰的核心内容，随着道教的传播，其影响日益扩大。到魏晋时期形成适应士族社会需要的神仙道教时，神仙信仰体系达到鼎盛时期。

在神仙信仰体系中，往往据其本质属性，将道教神仙分为先天真圣、后天仙真和民俗神灵三大类：①先天真圣是指天地未判之前的神灵，又指天地初判之后自然存在的神，如三清（玉清元始天尊、上清灵宝天尊和太清道德天尊）、四御（北极紫微大帝、南极长生大帝、勾陈上宫天皇大帝和承天效法后土皇地祇）、玉皇大帝等；②后天仙真就是凡人经过修练深造后而成的仙人，如黄帝、张道陵、四大真人（南华真人庄子、冲虚真人列子、通玄真人文子和洞灵真人亢仓子）等；③民俗神灵就是从民间来的与民俗、民生有关的地方神仙、地方信仰，以及民间为其设庙祭庙的英烈、壮士等，如土地神、门神、灶神等。

在神仙信仰体系中，神仙是通过修炼而成的。道教各家的成仙方术各不相同，现在一般把成仙方术归结为服气、导引、行气、存思、守一、内视、房中术、外丹、内丹、仙药与医药等几种。

在神仙信仰体系中，仙境也是有一定体系性的。经过一个不断发展演化的过程后形成了系统的仙境宫观，分为天上的三十六重天、海中的十洲三岛，还有地上的十大洞天、三十六小洞天、七十二福地。这些仙境都是与一些神仙传说有关的山川，或著名道士的修真求仙之地。

这些神仙、成仙方术和神仙仙境都是神仙信仰的核心内容，也成为道教徒追求得道成仙、长生久视信念的坚实而有力的支持，并对后世产生了深远的影响，并且，至今还在不断地发展和传播。

二、秦始皇求仙的故事

据《史记》记载，秦始皇妄想长生不老，曾多次派人寻仙境、求仙药。其中特别有名的是"徐福东渡"的故事。

话说秦始皇统一了六国，君临天下，自然而然就想仙福永享、寿与天齐。

有一次，秦始皇到泰山封禅结束后，东巡路过龙口（隶属山东烟台）——当时还叫作黄县，在地方官的安排下，方士徐福以地方名流的身份晋见了秦始皇，并随团继续巡视。

到了琅琊台（在今山东青岛），徐福正式上书说：传说东海中有蓬莱、方丈、瀛洲三座仙山，山上有神仙，神仙有仙药，吃了就可以长生不老。他愿意赴汤蹈火，为皇上求取仙药。

秦始皇龙颜大悦，命他携金银财宝入海求仙。

没过多久，徐福就回来了，说他见到了神仙，但是神仙嫌见面礼不够，需要漂亮的童男童女和各种钱财物品作为献礼，才能赐予仙药。秦始皇就派了500名童男童女，携带大量财物，跟随徐福再次出海。

第二年，秦始皇再次东巡，顺便来找徐福，虽然路上遇到了刺客张良用大铁锤袭击，但躲过一劫的他仍按原计划到达琅琊，可惜没见到徐福。

他再见到徐福的时候已经是10年之后，在他第三次东巡途中。徐福依然没有找到仙药。他是这样解释的：本来就要拿到仙药了，但是海上有大鱼护卫仙山，令他功败垂成。

于是，秦始皇亲自率领弓箭手到海上与大鱼搏斗，杀了条大鱼之后，兴冲冲地回去了，心想：这下子可好了，徐福终于可以拿到仙药了。

但是，秦始皇还是没有等到仙药，在返回咸阳的路上，就病死了，他的手下为了篡位，密不发丧，全国人民都不知道。

没有借口的徐福一时也骑虎难下，于是在公元前210年，他带着求仙团队浩浩荡荡地漂洋过海，寻找虚无缥缈的三仙山和灵丹妙药。从此，再未回到中原。

由于徐福寻仙之事迟迟没有结果，秦始皇只得借助园林来满足他的奢望。他在修建"兰池宫"时为追求仙境，就在园林中开挖了一池湖水，湖中建造三座岛屿象征传说中的三仙山，以满足他接近神仙的愿望。

三、汉武帝迷信的一生

汉武帝对于神仙的信仰相较于秦始皇有过之而无不及。

前文已经讲过，汉武帝一生功绩很大，可能也就是这样一个好大喜功的帝王，他的执念和对权力的追求，导致了他长期痴迷于长生不老的求仙和迷信活动。

纵观汉武帝的一生，其实就是迷信的一生。汉武帝无数次在迷信的坑中跌倒，又无数次重新陷入迷信。

汉武帝最初信任的方士名叫李少君。这人本来穷困潦倒，但可能研读过几本有关道术的书，看到汉武帝在招募天下懂道术的人，他就向汉武帝进言说："我这里有吃了就能成仙的金丹秘方，并且我还在海上见过仙人安期生。"于是他顺利赢得了汉武帝的信任。

汉武帝对李少君言听计从，立即派人入海寻找安期生的踪迹。

但就是这样一位"神仙"一般的人物，竟然得病死了。而汉武帝却根本不相信李少君会死，坚信他是羽化成仙了。

如果说李少君只是一个开头的话，那么从第二位方士李少翁开始，汉武帝的迷信小火苗越烧越旺，最终殃及自身。

李少翁和李少君俩人没什么关系。李少翁之所以能够得到汉武帝信任，主要是因为汉武帝的宠妃王夫人去世后，他伤心不已，这时李少翁就投其所好，说自己能够沟通鬼神，把王夫人的魂魄给召回来，让二人相见。

汉武帝听后非常高兴，然后李少翁就用蜡烛在帐幕上投了一个美女的身影，让武帝远远地观看。话说，这不就和现在的皮影戏是一个道理吗？

可叹的是，汉武帝面对"皮影戏"，却深信那是他爱妃的魂魄。从此，他更加坚信李少翁有"奇术"，将他封为文成将军，而且不把他当成臣属，用招待客人的礼节来款待他。

但是，魔术这种东西时间久了总会穿帮，能够表演的魔术也越来越少。过了一年多，李少翁的"法术"就不行了。但是李少翁还想赢得汉武帝的信任，就想了个法子，自己在丝巾上写了一封信，让牛吃了，然后告诉汉武帝这头牛肚子里有神奇之物。

汉武帝一听，连忙让人把牛杀了，取出丝巾一看，上面写的东西十分怪异，看不懂。再仔细一看，这不就是李少翁的字迹吗？汉武帝火冒三丈，于是就把李少翁杀了。

明知被骗，汉武帝还是选择将这件事情隐藏下来，毕竟也不光彩。但没过多久，汉武帝就开始后悔杀了李少翁，恰好这个时候，乐成侯丁义给他推荐了一个方士，名叫栾大。

这个栾大和李少翁是师兄弟，一见到汉武帝就说自己曾经见过神仙，自己有通天的本事。然后话题一转，就说自己害怕落得和李少翁一样的下场，不敢施展方术。汉武帝却宽慰栾大说：李少翁是吃了马肝死的，不关我的事呀！

汉武帝此时正为了黄河决口的事情发愁，病急乱投医，将希望寄托在栾大的身上。

于是，汉武帝封栾大为五利将军，后来觉得不妥当，又加封天士将军、地士将军、大通将军和天道将军，还封栾大为食邑两千户的乐通侯。后来索性将自己寡居的女儿卫长公主嫁给栾大，解决了他的单身问题。

汉武帝如此重视栾大，为的就是希望通过栾大来迎接神仙下凡。然而此后1年多，请神之事却始终没有进展。后来，栾大实在应付不过去，便表示自己能力有限，要出海请自己的师父出山，并就此向汉武帝请辞东行。

然而，栾大离京后，却根本没敢出海，只是在泰山转悠了一圈，便回到了京城，汉武帝得知后，对于栾大欺骗自己、耽误公主的行为极为恼怒，当即将其下狱腰斩，就连当初推荐栾大的乐成侯丁义也被斩首示众。

你以为汉武帝被骗过几次肯定能醒悟了？还是没有。有一个叫公孙卿的人，编了一个故事说给汉武帝，声称上古时期的黄帝因为有宝鼎所以封禅升仙，他知道在某某地方出现了一个宝鼎，劝说汉武帝去封禅。

为了有朝一日成仙飞升，汉武帝按照公孙卿的话，此后10余年间多次出巡祭祀名山名水，并定期前往泰山行修封之礼，大兴土木营建宫室，又派遣大量使者、方士寻仙，然而始终一无所获。

成仙未果，汉武帝就在位于长安城西的建章宫中建造了三座假山，象征东海三仙山蓬莱、方丈、瀛洲。

传说中华山是神仙云集之地，凡人在此可以蝉蜕成仙，他便下令在华山脚下建了一座集灵宫。

他又采纳祭司官员宽舒的建议，在黄河东岸的汾阴（今山西省万荣县）设立后土祠。虽然后土祠距离都城长安300多里，汉武帝还是先后5次到这里祭祀地神。为了便于皇帝祭祀，在黄河西岸的夏阳县（今陕西省韩城市）还建造了一座离宫，名叫扶荔宫。

可叹汉武帝一世霸主，在求仙这条迷信的道路上屡屡遭骗却不知悔改。更可怜的是当时的百姓，汉武帝在求仙方面花费的钱财远远超过秦始皇，这些民脂民膏最终都要百姓买单。而汉武帝晚年也因为过分迷信而吃了大亏，"巫蛊之祸"导致皇后卫子夫和太子刘据相继自杀，他自己也因为服用大量丹药中毒而亡。

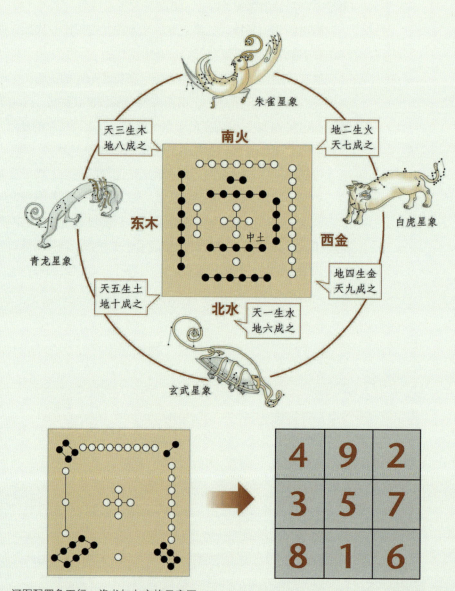

河图配四象五行、洛书与九宫格示意图

一、从"占星学"到"天文分野说"

从上古时期开始，追求秩序的古人们不仅将天空规划得井井有条，还将星宿与地面区域一一对应。这个对应关系从天文角度来说，叫作"分星"；从地理角度来说，叫作"分野"。

我国古代占星术认为，地上各邦国和天上一定的区域相对应，在该天区发生的天象，预兆着各对应地方的吉凶。将天界星区与地理区域相互对应，最初目的就是配合占星理论进行天象占测。

在中国古代语境里，"星次"与"星宿"指的就是"星座"，也就是星星的组合（可能是一颗或多颗）。先秦时期就有了"黄道十二星次"，是人类十二天性的代名词，一个人出生之时，各星次落入黄道上的位置，就说明了一个人的先天性格及天赋。

黄道十二星次与二十四节气、十二地支、十天干、四象、五行、二十八星宿一起构成了东方占星学。黄道十二星次依次为：星纪、玄枵（xiāo）、娵訾（jū zī）、降娄、大梁、实沈、鹑首、鹑火、鹑尾、寿星、大火、析木，类似于西方的黄道十二宫❶。

关于这类星象活动的记载，最早见于春秋时期的《左传》《国语》等书，它们反映的星象分野大体以较早出现的十二星次为准。

汉代是中国统一后第一个大发展时期，也是南北经济文化交流的重要时期。《汉书·地理志》中对天文分野已经有了详细记述。从汉代开始，天文分野从一种实用的"占星学"变成了一种承载人们世界观的严密体系。在《淮南子·天文训》《史记·天官书》中，二十八星宿分别对应着东周十三国及汉武帝十二州地理；之后历朝历代，在十三分野和二十八分野之间变动。

这里先介绍一下"二十八星宿"。

古时候，人们为了方便于观测日、月和五大行星（金星、木星、水星、火星、土星）的运转，便将黄道、赤道附近的星座选出二十八个作为标志，合称二十八星座或二十八星宿。

---

❶ 黄道十二宫：是阿拉伯占星术术语，起源于巴比伦。在天文学上，以太阳为中心，地球环绕太阳所经过的轨迹称为"黄道"。黄道宽18度，环绕太阳一周为360度，黄道面包括了所有行星运转的轨道，也包含了星座，恰好约每30度范围内各有一个星座，总计为12个星座，称为"黄道十二宫"，包括白羊宫、金牛宫、双子宫、巨蟹宫、狮子宫、室女宫、天秤宫、天蝎宫、人马宫、摩羯宫、宝瓶宫和双鱼宫。

角、亢、氐（dī）、房、心、尾、箕，这七个星宿组成一个龙的形象，春分时节在天空东部，故称东方青龙七宿。

斗、牛、女、虚、危、室、壁，这七个星宿组成一个龟蛇互缠的形象，春分时节在天空北部，故称北方玄武七宿。

奎、娄、胃、昴（mǎo）、毕、觜（zī）、参（shēn），这七个星宿组成一个虎的形象，春分时节在天空西部，故称西方白虎七宿。

井、鬼、柳、星、张、翼、轸（zhěn），这七个星宿组成一个鸟的形象，春分时节在天空南部，故称南方朱雀七宿。

由以上二十八星宿组成的四个动物形象，合称为四象、四维或四兽。古人用这四象和二十八星宿中每象每宿的出没和到达中天的时刻来判定季节。古人面向南方看方向与节气，所以才有"左（东方）青龙、右（西方）白虎、前（南方）朱雀、后（北方）玄武"的说法。

再谈谈二十八星宿与地理分野。

古代星象文化基于古人对于天的神圣性、威权性的认可，而天的权威又借助"分野"观与人间产生了关系。

据《尚书·禹贡》记载，为了贡赋的需要，大禹将天下方域划分为九州：冀州、兖州、青州、徐州、扬州、荆州、豫州、梁州、雍州。九州雏形的形成，为娴熟掌握天文的史官提供了完善分野学说的条件。

从上古时期的九州发展到汉代的十二州、十三州，说明了分野理论是一个动态成熟的过程。《禹贡》上有梁州，《史记》上没有记载，却出现了益州、幽州、三河、江湖等州。幽州在先秦时期《周礼》中就已出现；三河是汉代设立的；元封二年（前109），汉武帝改梁州为益州；从扬州析出江、湖两州，也就是把吴、越从传统的地理分区中区隔开来。因此，《尚书》《史记》中的不同记载，说明这种分野形式即便有着古老的传统，也是在西汉中期以后完善的。

天文分野学说的建立，是天文占星术发展的最终结果，直接目的是预知天意，其次是谁得天命，或者是谁、哪个地区"无道"将遭受上天的惩戒，所以在天命观的指引下，分野学说变得越来越缜密，也越来越复杂。

当然，各种分野学说，只不过是天官或者术士，希望通过各种不同的方式来解读天意。分野学说的客观效果，形成了地域分布的客观属性。

二十八星宿分野说对应情况表

《史记·天官书》		《淮南子·天文》		《汉书·地理志》	
角·亢·氐	兖州	角·亢	郑	角·亢·氐	韩
房·心	豫州	氐·房·心	宋	房·心	宋
尾·箕	幽州	尾·箕	燕	尾·箕	燕
斗	江湖	斗·牛	越	牛·女	粤
牛·女	扬州	女	吴	斗	吴
虚·危	青州	虚·危	齐	虚·危	齐
室·壁	并州	室·壁	卫	室·壁	卫
奎·娄·胃	徐州	奎·娄	鲁	奎·娄	鲁
昴·毕	冀州	胃·昴·毕	魏	昴·毕	赵
觜·参	益州	觜·参	赵	觜·参	魏
井·鬼	雍州	井·鬼	秦	井·鬼	秦
柳·星·张	三河	柳·星·张	周	柳·星·张	周
翼·轸	荆州	翼·轸	楚	翼·轸	楚

二、星宿文化对都城布局的影响

古代早期的都城在修筑的时候特别注重结合天象与自然环境。早在《吴越春秋》中就记载了伍子胥为了给吴国都城选址，"相土尝水"（意思是了解土质和水情）、"象天法地"（指观天象和看风水）。

这说明在春秋战国时期，兴建大城市是需要"象天法地"的。古人希望通过城市建造遵循天地自然的规律，加强人与天的联系。

一朝之都城的确定和建设是极为严谨的，不但要在地理形势上位于易守难攻的险地，而且在建筑格局上也必须合乎天象。

《周易》中记载："在天成象，在地成形，变化见矣。"说的就是天象和大地的形成与变化。因此，"象天"，就是以"天文分野说"为理论指导，模拟日月星辰在天幕上的运动规律，特别是模仿天上的星宿分布。

秦都咸阳初建时位于渭水北岸与九嵕（zōng）山之南，"山水俱阳"，故名咸阳。到秦始皇一统天下后，他不仅大规模扩建咸阳城，而且以"象天法地"的思想进行整体布局，使咸阳形成了"渭水贯都，以象天汉；横桥南渡，以法牵牛"的宏伟壮观局面。

"渭水贯都"的咸阳城就像是天空银河及两侧的群星降落在关中地区，地上的宫殿与天上的群星位置对应，交相辉映。渭河象征着天上的银河，咸阳宫代表着天上的紫微垣❶，阿房宫象征天上的营室星❷，而横桥复道则代表着天上渡过银河的阁道星。怪不得唐代诗人李商隐在《咸阳》诗中感叹："咸阳宫阙郁嵯峨，六国楼台艳绮罗。自是当时天帝醉，不关秦地有山河。"

汉代长安城的建设在很大程度上沿袭了秦代咸阳"象天法地"的建都思想。

长安城呈不规则的长方形，除了东面的城墙外，其他三边的城墙有很多曲折的地方。长安城北城墙如同北斗七星，南城墙如同南斗六星，围合成紫微垣，因此，未央宫又叫紫宫或紫微宫，象征天帝的宫殿，对应了秦汉时"斗为帝车"的天文思想，因此，长安城历来有"斗城"之称。

此外，未央宫内有玄武阙、苍龙阙、朱鸟堂、白虎阁，四象齐集，而由四象所环绕的前殿自然就是天极的位置，无时无刻不表现着天地正统的皇权集中于此的思想。

汉代长安城的形状是"天人合一"思想的集中体现，统治者下令修筑的城墙，把自然因素和地形因素结合起来，又使用了"象天"的意象依据，把都城的修筑与"君权神授"思想完美地结合在了一起。

"象天设都"的手法被历代王朝的统治者采纳，例如，明朝在修建北京城时也依照北斗七星的转折定位，因此，在北京城西北角，也就是西直门的位置，城墙角不是直角。

❶ 紫微垣：又叫紫微宫，神话传说中天帝居住的地方。

❷ 营室星：就是北方第六宿，因其星群组合呈房屋状而得名，房屋乃居住之所，人之所需，故室宿多吉。

172

三、星宿文化对园林设计的影响

（一）渐台

渐台，是对临水高台建筑的统称，是皇室贵族在水边观景游乐和举行欢宴之处。

渐台的名称，就来源于对星宿文化（渐台星）的模仿。

如果在晴朗的夏夜仰观天象，在浩瀚的银河边，织女星的东南方，有4颗渐台星，组成的四边形像一台织机。

《隋书·天文志》上说："东足四星曰渐台，临水之台也。"正说明"渐台"本为天上临近天河的星星。

西汉皇宫未央宫的西南部，建了一个水池，叫作"沧池"。沧池既美化了未央宫的环境，又解决了皇宫之内的用水问题。据《三辅黄图》记载："沧池中有渐台，高十丈。"渐台，实际就是池中的高台建筑，它将沧池点缀得更加风光秀丽。

沧池与渐台，开启了皇宫之内修建人工湖、筑造高台的先河。

汉武帝的建章宫内西北部，有一个以明渠引昆明池水而形成的人工湖，叫作太液池，池中同样有一座渐台。

建章宫太液池中建造了三座假山象征蓬莱、方丈、瀛洲三岛，以"一池三山"的模式效仿蓬莱仙境。然而，太液池的模式不仅仅受到蓬莱神话的影响，还受到了星宿文化的影响，采用临水的渐台，作为赏景、设宴的建筑。

（二）昆明池

在秦汉都城的皇家园林中，用水体来象征天上银河的方法有很多，例如秦始皇兰池宫中的兰池和汉武帝的昆明池。

兰池宫的建造模式是一个宫殿挨着长池而建，池水半环宫室，符合天上银河围绕紫微垣而过的景观模式。

昆明池，地处长安城西的沣水、潏（jué）水之间，始建于西汉汉武帝元狩三年（前120）。昆明池建设之初是为了练习水战，后为泛舟游玩之地，唐代时干涸为陆地。昆明池两岸有石雕人像一对，水面辽阔，曾建有豫章台、灵波殿等建筑，池中雕有石鲸。

班固《西都赋》中记载："在昆明池边有一座豫章台，台的左、右两侧的岸边分别树立了牛郎与织女的塑像，好像天上浩瀚的银河一般。"❶

张衡《西京赋》中记载："昆明池边高高耸立着的豫章台，是一座珍宝之馆，它的左右两边分别是牛郎和织女的塑像，日月每天东升西落，倒映在池水中，好似日月进出于馆中一般。"❷

可见，这种在池水中建高台的做法，与沧池和太液池中筑渐台的做法很相似，又同样是汉代范畴，因此我们有理由相信，昆明池中的豫章台在实质上也是渐台。

汉代昆明池的布局模式，对后世园林山水影响很大，如清代北京颐和园中的昆明湖，也象征天上银河，湖畔的"铜牛"和"耕织图"则代表着天上的星宿。

❶ 原文为："集乎豫章之宇，临乎昆明之池。左牵牛而右织女，似云汉之无涯。"

❷ 原文为："豫章珍馆，揭焉中峙。牵牛立其左，织女处其右，日月于是乎出入？"

第二十四讲　形法说：
相宅之术与园林

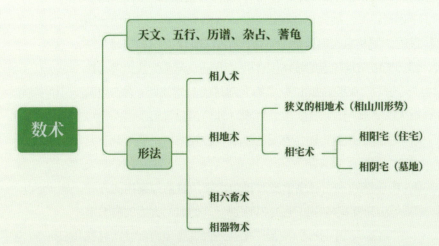

《汉书·艺文志·数术略》中的数术分类

风水罗盘

一、探测吉凶的"形法说"

形法，也叫作相术，是古代数术❶体系的专业类目术语，其概念最早出自《汉书·艺文志》。

在神秘主义信仰时代，自然万物吉凶贵贱与人类生产发展、生活秩序紧密相关。因此，如何通过对"物"的观察、辨别，达到趋利避害的目的，便成为人们社会生活中不可或缺的内容。在古人看来，这是一套非常实用而且普遍的技术。

《汉书·艺文志》"数术略"对这类技术进行了集中记载，其中就包括天文、五行、历谱、杂占、蓍（shī）龟、形法。这六种类型都是人们日常生活中预测吉凶、宜忌的手段和方式。

"形法"作为其中之一，主要内容是通过观察事物的形态特征，来探测吉凶灾祥、好坏优劣。这种通过"相"来认知事物的方式，是"形法"得以立类的根本依据，也是其区别于其他数术类型的技术手段。

"形法"专门论述"相学"的形势法度，内容大致包括相地形、相宅墓、相人、相刀剑、相六畜等。它强调对物体自然特性的鉴别，关注人或事物的表征与内在规律，以及其对人类活动产生的影响。

古代"形法"观念本质上是一种吉凶观念，代表的是一种人类早期对"物"的自然属性与规律的解释方式。

促成先秦两汉"形法"吉凶观念、思想形成的因素是复杂多样的。从观念信仰上看，"形法"吉凶观念与人类早期对"物"的神秘主义认知相关。从思想根源上看，"形法"擅长通过物象占测来判断人事吉凶。这种"物—我"秩序的建构是古代"天人感应"思想的产物。

在中国古代，"形法"是关于知识、经验与技术的特殊知识形态，其性质大致相当于当时的自然科学和应用科学。"形法"肯定人或物的自然本性的合理性，试图以一种近乎写实的视角来审视自然万物的生命状态，从而建构出一种更为真实理性的宇宙观、生命观。

当然，由于受到时代环境的影响，这种宏观

---

❶ 数术：也写作术数，是中华古代神秘文化的主要内容。"数"，指气数、数理；"术"，指方式。数术的特征是以数理的方式来实行方术；也就是运用阴阳五行生克制化的数理来推测个人，甚至国家的命运吉凶。

的体系架构不可避免地带有人类早期的某些神秘成分，但仍不失为早期科学的源头之一。

二、形法说中的"相地术"

相地之术，自古就有了。在中国传统地理观念中，"相地术"是对与地理相关的空间、形势、方位等方面的综合表达。

按照《汉书·艺文志·数术略》"形法"类记载，古代相地之术大致可分为相山川形势、相阳宅（住宅）、相阴宅（墓地）三大类。

其中，相山川形势之术主要以《山海经》为代表。先秦两汉时期，《山海经》具备地理指导书的性质。该书对天下土地山川的描述，集中反映了古人对九州之势的认识与想象。

古代相宅术包括相住宅、相墓地两类。

相宅术最初大概起源于早期农业生产与城市建设的实践，最迟在战国中晚期就形成了相关的相法理论。春秋战国时期，鬼神观念流行，"鬼福及人""葬先荫后"（死者下葬之地风水好，能福及子孙）等观念渗透到丧葬活动中。墓地选址与生者命运紧密关联的观念出现，阴宅相法随之兴起。

从相法内容看，传统相宅术强调住宅附近的地理形势布局，同时还关注到日期和时间选择对住宅吉凶的影响。

到了汉代，相宅术出现了许多新的变化，外在的山水自然环境更多融合到住宅相法之中，这也促进了汉魏之际风水理论的形成。

三、秦汉相宅术与园林山水

由于相地术自先秦时期就已经出现，发展历史悠久，内容较为庞杂，这里仅介绍秦汉以来与园林山水有关的相宅术的新发展。

秦汉时期是古代相宅术发展的重要阶段，此时大约已经形成了具有系统理论和成熟技术的阳宅相法。

根据文献记载，汉代相继涌现出一批标志性的专业相宅书籍，如《堪舆金匮》《宫宅地形》《周公卜宅经》《图宅术》等。

与此同时，汉代相宅术也有了许多新的发展。

其一，在传统以方位、结构为核心的相法理论中，两汉时期的形法内涵进一步杂糅五行、五音、五姓、六甲、天干地支等内容，而逐渐趋于玄奥神秘。

其二，随着人们对自然环境认识的不断深入，汉代相宅术已逐渐从早期以房屋建筑地理为中心的吉凶推演模式，转向强调人、宅与自然环境的统一。

相宅术中的这些新变化，标志着后世风水学在理论上的初步萌芽，对古典园林的相地选址、结构布局等产生重大影响。

随着人们对自然地理与人文环境的关注度不断提高，汉代相宅法开始重视住宅外部环境对人的影响。鉴于此，人们在相宅实践中，逐步突破了传统以房屋住宅为中心的形态考察，转而开始凸显对外在天地山川、自然地势的描述。

这种注重建筑外部环境的特点，突出表现为相宅术中山、水两大自然因素的增加，从而为后世"风水"理论奠定基础。

东汉许慎《说文解字》中说："阴，暗也，水之南，山之北也。"以山川的阴阳向背为参照，凡是山南山东、水西水北的住宅皆为阳宅，反之则为阴宅。在公认的吉宅格局中，"背山面水"成为最重要的选址原则。

《史记·淮阴侯列传》提出"右背山陵，前左水泽"，这不仅是绝佳的兵家地形方位，对于住宅建筑也同样适用。

究其原因，这可能源于早期人类克服潜在的洪荒灾害的经验。同时，从地理角度而言，我国大部分地域处于季风气候区，"背山"可以屏挡冬日寒流，"面水"亦可夏日纳凉。

这种山水环境与住宅关系的认知，从马王堆出土的宅形图中可以得到佐证。

汉代相宅术将地形地势的阴阳走向纳入传统山南水北为阳的地理学范畴进行考量，无形中为相宅术注入了新的理论养分。在汉代人关于理想住宅的标准中，这种人宅相辅、感通自然的理念，常常表现为要考虑住宅与山水自然形势的关系。

因此，汉代吉宅无不位于山川形胜、风景优美之处。如《后汉书》中所记载的仲长统的住宅标准："居住的地方有肥沃的田地和宽阔的宅院，背靠大山，濒临江河，沟渠池沼自然环绕，竹林木丛周围密布，房前有菜地，屋后有果园。"❶

东汉末年文学家应璩（qú）在给好友程文信的信中，也谈过选择居住地的原则："我所追求的田园，在关中以西，这里南临洛水，北靠邙山，住宅依托崇山峻岭而建，借助茂密的树林作为荫庇。"❷

显然，在"背山面水"这一原则上，仲、应二人的观点几乎是一致的，这反映出相宅术对阳宅的基本要求。

同样，汉代阴宅相法中，坟墓与自然环境的和谐也是重中之重。

《后汉书·冯衍传》中就透露出了汉代人基本的墓地选择标准："祖上冯奉世将军，最初陪葬在汉元帝的渭陵，后来哀帝驾崩，在渭陵建造陵寝。我（指冯衍）只好将祖上的墓园迁至新丰县以东，鸿门以北，寿安县中部。墓园地势高耸、宽敞，四通八达，向南可眺望骊山，向北可通向泾水和渭水，向东可俯瞰黄河、华山、龙门山以南，以及三晋旧址，向西可环视西周都城丰镐和秦朝故地，及其宫殿的废墟。极目远眺，可俯瞰千里之外旧都的遗迹，于是我把这里划定为墓园。"❸

冯衍确定先祖墓地的标准之一，就是重视墓穴与周围环境的和谐统一，要求四通八达、环视千里。这是一种结合山川、水流、交通、城市等因素的综合考察。据学者考证，这一点在汉代帝王陵寝遗址中可得到佐证。

由此，我们可以大致推断，在汉代相宅术中，山水形势逐渐进入人们视野中，并成为影响宅地吉凶评判的重要因素。

此外，秦汉时期相宅术中已萌生了"地脉""龙脉"的观念，这是后世风水思想的重要支脉。

《史记·蒙恬列传》中记载，秦二世继位后便派使臣前去赐死名将蒙恬。蒙恬沉重地叹息说："我对上天犯了什么罪，竟然没有过错就被处死呢？"过了很久，才慢慢地说："我的罪过本来就该当死罪啊。我主持修建了西起临洮（táo）、东

❶ 原文为："居有良田广宅，背山临流，沟池环匝，竹木周布，场圃筑前，果园树后。"

❷ 原文为："求道田，在关之西，南临洛水，北据邙山，托崇岫以为宅，因茂林以为荫。"

❸ 原文为："先将军葬渭陵，哀帝之崩也，营之以为园。于是以新丰之东，鸿门之上，寿安之中，地势高敞，四通广大。南望骊山，北属泾渭，东瞰河华、龙门之阳，三晋之路，西顾丰镐、周秦之丘，宫观之墟，通视千里，览见旧都，遂定茔（yíng）焉。"

至辽东的万里长城，由此切断了秦王朝的'地脉'。这就是我的罪过呀！"于是蒙恬吞下毒药自杀了。

或许是巧合，在秦长城修筑工程即将结束时，秦朝便覆灭了。这隐约暗示了个人的吉凶、王朝的兴替都与"地脉"息息相关。

在后代风水术中，通常地脉以山川走向为其标志。地脉也被称为龙脉，就是随山川流通的气脉。山脉绵绵万里，寓意富贵长远不断；山脉隐约短促，暗示运势也短促。

封建王朝时期所说的龙脉，多指"龙兴之地"。秦朝国都咸阳位于八百里秦川之中，依山（秦岭）面水（渭河），这正符合山环水抱、藏风聚气的地势特征，因此，咸阳就是秦朝的龙脉。

可以说，山、水自然因素的加入，是汉代相宅术发展的重要转折，象征着风水理论的初步建立。

"风水"一词出现较晚，晋代郭璞是首位给"风水"下明确定义的人，他在《葬经》里提出："下葬，就是掩藏，这是一种驾驭生气的方法……在大地中穿行的生气，会受到地脉的影响而形成气势，这就是生气的聚集。处于聚集状态的生气，又会受到其他处于聚集状态的生气的影响而停滞。古人就用这条原理聚集死者的生气，并让它不至于飘散，然后运行死者的生气，并让它在合适的情况下达到稳定状态，这就是所谓的'风水'。《青囊经》里说过：生气受到风吹就消散，遇到水就停止，因此，水可以界定生气。"❶

显然，《葬经》中"风水"概念是从传统丧葬角度提出的。按照郭璞所言，"风水"来自古代的"气论"思想，万物皆因气而生，风和水则是保护生气的关键性因素。

因此，墓地应该选择在能藏风聚气的地方。不难看出，在"风水"理论中，"风水"涉及地形条件，却以"理气"为目的。"气"与地形的关系主要表现为，大自然中无处不在运行的"气"，因为"风""水"相摩激荡而归藏于山川地穴。因此，通过地形来认识"风"与"水"的关系，从而选择地形，这也许是"风水"概念的源头。

可见，汉代相宅思想中已经开始孕育风水的"形势""理气"理论，这两个理论成为汉魏以后风水术发展的重要起源。

---

❶ 原文为："葬者，藏也，乘生气也……气行乎地中。其行也，因地之势。其聚也，因势之止。古人聚之使不散，行之使有止。故谓之风水。经曰：气乘风则散，界水则止。"

第四篇
典籍与园林

第二十五讲 《史记》：
商周秦汉的园林

清·毕沅《关中胜迹图志》之"灵台图"

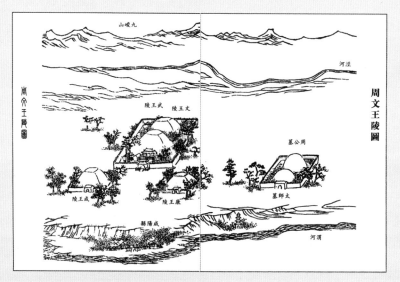

清·毕沅《关中胜迹图志》之"周文王陵图"

一、司马迁及其《史记》

司马迁（前145—前87），字子长，世称"史迁""太史公""历史之父"，西汉左冯翊夏阳（今陕西省韩城市）人，是西汉著名的史学家、文学家、思想家。

司马迁10岁时随父亲司马谈入京，先后向古文大师孔安国、今文大师董仲舒求教，广泛学习儒、道等各家学说。曾担任郎中，奉命出使西南。

汉武帝元封三年（前108），司马迁继任父亲的太史令一职，掌管天文、历法。太初元年（前104），司马迁以"究天人之际，通古今之变，成一家之言"为宗旨，开始着手撰写《史记》。

在后来西汉与匈奴的一次战争中，飞将军李广的长孙李陵受困被俘，消息传到长安，竟说是李陵投降匈奴。朝廷上的"聪明人"早就看准了风头，都纷纷说李陵该死，这意思是说武帝用兵没毛病，失败都是李陵这个小人的错。

整个朝廷中只有司马迁一个人站出来说了两句公道话，说李陵以少敌多，也给了匈奴沉重打击，他认为李陵并不是真的投降，而是潜伏在那里寻找对方的弱点，以求绝地反击。

可想而知，司马迁的话触怒了汉武帝，他被打入了监狱。不久，有人误传消息，说李陵在帮着单于练兵，这就是给气头上的汉武帝火上浇油，武帝下令把李陵一家灭门，司马迁也在劫难逃，被处以比死刑更加令人难堪的腐刑。

汉武帝天汉四年（前97），汉朝打败了匈奴，平定了边境，汉武帝十分得意。为了表示自己襟怀宽大，他下令释放了司马迁等罪犯，并任命他为中书令。司马迁从此开始发愤写书，前后忍辱负重14年，才将《史记》创作完成。完成后不久他就去世了。

《史记》，最初称为《太史公书》或《太史公记》《太史记》，是中国历史上第一部纪传体通史，书中撰写了上至上古传说中的黄帝时代，下至汉武帝太初四年，共3000多年的历史。

《史记》规模巨大，体系完备，全书共130篇，52.65万余字，分本纪、表、书、世家、列传五部分。它以历史上的帝王等政治中心人物为史书编撰的主线，各种体例分工明确，其中，"本纪""世家""列传"三部分，占全书的大部分篇幅，都是以写人物为中心来记载历史的，由此，司马迁创立了史书的新体例——"纪传体"。

《史记》全书包括十二本纪（记述帝王的言行和政绩）、三十世家（记述子孙世袭的王侯封国史迹和特别重要的人物事迹）、七十列传（记述除帝王诸侯外其他各方面代表人物的生平事迹和少数民族，其中最后一篇为自序）、十表（用表格来简列世系、人物和史事）、八书（记述制度发展，涉及礼乐制度、天文兵律、社会经济、河渠地理等方面内容）。

《史记》被列为"二十四史"之首，与《汉书》《后汉书》《三国志》合称"前四史"，对后世史学和文学的发展都产生了深远影响。其首创的纪传体编史方法为后来历代"正史"所传承。

《史记》还是一部优秀的文学著作，其文章风格、写作技巧、语言特点对后世学者影响较深，也为后代小说的创作积累了宝贵的经验，并成为后代戏剧的取材对象。它大力弘扬人文精神，为后代作家树立起一面光辉的旗帜，是中国史书的典范，被鲁迅誉为"史家之绝唱，无韵之《离骚》"。

二、《史记》中的园林

《史记》是一部总结中华3000多年古代文明的百科全书，除了囊括孔子所致力于的诗、书、礼、乐之外，还包括政治、经济、军事、教育、民族、天文、地理、医学、科技等。其中也记述了古代园林发生发展的历史，以及其所取得的辉煌成就。

我国古代的园林是为统治阶级享受而建造起来的，绝大多数园林都设在城内或近郊，园内建有大量的离宫别馆和亭台楼阁等建筑。此外，为了满足统治者身居闹市而有林泉之乐的要求，园内要挖池堆山，营造出山水之美和林野之趣。

据司马迁《史记》记载，中国独特的园林艺术起源于商、周两代，初步成熟于秦汉时期。这些传统的园林艺术对当今园林的建设发展有着很好的借鉴意义。

（一）先秦苑囿

1. 沙丘苑台
《史记》中记载的中国古代最早的园林是沙丘苑台。

沙丘苑台位于今河北省邢台市广宗县西北的大平台村，建于殷纣王之前。据《史记·殷本纪》记载，殷纣王对沙丘苑台进行了大规模的扩建，园内建了大量离宫别馆，并畜养了很多捕获的野兽和飞鸟。

纣王闲来无事，就叫人把宫殿屋檐下接雨水的天沟里灌满酒，叫作"酒池"；并在树林里，把熟肉挂在比人略高的树枝上，叫作"肉林"。

纣王让100名青年男女脱光衣服站在宫殿旁边，一听到鼓响就跳起来去摘树上的肉，因为肉比人高，他们不得不跳起来一手遮羞一手摘肉，窘态百出，纣王就以此为乐。

等看够了，就命他们奔向酒池，模仿牛、羊等牲畜喝水的样子，两脚叉立，两手支撑于地去喝池中的酒，等他们喝得半醉，再令他们追逐嬉戏，通宵达旦。其荒淫奢侈程度骇人听闻。

2. 西周灵囿
《史记·周本纪》记载，西伯侯姬昌兴建了都城丰邑，并修筑了灵台，用来观天象和游览宴饮。

《史记·封禅书》里提到，西周都城丰镐内建了一座苑囿，名叫灵囿，灵囿里有灵沼、灵台、辟雍等建筑。

《诗经·大雅·灵台》则以诗歌的形式描述了周文王创建园囿的情景："文王来到灵囿中，母鹿卧地很悠闲，母鹿肥美有光泽，鸟儿洁白亮闪闪。文王来到灵沼岸，满池鱼儿跳跃欢。"文王在这里狩猎、游乐，欣赏大自然的景物，尽情享受鸟兽鱼虫带来的愉悦。

3. 东周惠王之囿
《史记·周本纪》记载，周惠王即位之后，不顾君臣之义，强夺诸侯国蒍（wěi）国的园林为己有，引起了大夫的反叛。《史记》中的这段记载，从侧面反映了苑囿在当时社会生活中的重要地位。

4. 卫国之囿

《史记·卫康叔世家》记载：卫献公十三年（前564），献公在苑囿里射大雁。

《史记·河渠书》记载：汉武帝时，用下淇园内的竹子来堵塞河堤决口。"下淇园"可能就是原来卫国的苑囿，园内有大片竹林，是春秋时期卫国统治者游玩、射猎之处。

5. 齐国园囿

位于齐国都城临淄。《史记·齐太公世家》记载：齐顷公十一年（前588），顷公向百姓开放自己游猎的园囿，这个园囿应当是齐国种植奇花异草和饲养珍禽异兽的禁园。

6. 社囿

鲁国园名。《史记·鲁周公世家》记载：鲁隐公十一年（前712），隐公修建了社囿。

7. 魏国之囿

《史记·魏世家》中说，魏国园囿是一处天然湖泊，叫作囿田，在今河南省郑州市，原属郑国。在依湖泊而建的魏国园囿内，林木茂盛，饲养着麋鹿等动物，战国时期被秦国军队所毁。

8. 秦国园囿

春秋战国时期，秦国在雍城（今陕西省宝鸡市凤翔境内）附近先后建造了3个规模宏大的园囿，即弦囿、中囿、北园。

弦囿，也叫弦圃，又名弦圃薮，在今陕西省陇县天成镇蒲峪河，秦国都城汧（qiān）城西南。弦囿是周秦时期天下九大湖泊之一。秦襄公建都汧城，把弦囿作为渔猎、游乐之处。

中囿的范围大约包括今宝鸡市陈仓区贾村镇以北千河西岸和凤翔区长青镇千河东岸一带。

北园，位于雍城南面。

（二）秦汉园林

秦汉时期，中国古代园林进入了一个新的历史时期，造园艺术有了新的进步。当时创造的某些园林模式对后世产生了重大的影响，在我国古代园林文化史上占有很重要的地位。

1. 上林苑

秦汉禁苑。据《史记·秦始皇本纪》记载：秦始皇二十六年（前221），上林苑在渭南。可见，上林苑在秦始皇统一六国之前就已经存在了。

据考证，上林苑草创于秦惠文王时期，惠文王在上林苑中开始修筑阿房宫，昭襄王又在前代的基础上将上林苑扩建为王室园囿。

《史记·滑稽列传》记载：秦始皇曾想建造一座宏大的园囿，东至函谷关，西至雍、陈仓。函谷关在今河南省灵宝市东北，雍在今陕西省宝鸡市凤翔区南，陈仓在今宝鸡市东，东西相距300多千米。如此庞大的宫苑建设计划，由于滑稽戏艺人优旃（zhān）的讽谏而放弃，但秦始皇却在上林苑中大兴土木。

2. 宜春苑

是一处秦代园林，位于今天西安市以东曲江池偏南一带。《史记·司马相如列传》记载：宜春苑的范围很大，里面有错落有致的宫殿、水流曲折的曲江池和长洲，远处又有高低参差的南山，风景如画。

3. 兰池

是秦代一座重要的园林。《史记·秦始皇本纪》记载：兰池是一座以兰池陂（bēi，池塘）为主体的园林。池中筑有象征蓬莱、瀛洲等仙山的假山，并有巨大的石刻鲸鱼等景观。《史记·孝景本纪》中提到，兰池毁于汉景帝六年（前151）。

兰池苑的布局与蓬莱神话有关。《史记·封禅书》中说：齐威王、齐宣王和燕昭王派方士入海求仙，掀起了第一次大规模的求仙热潮。大海中有蓬莱、方丈、瀛洲三座仙山，上面居住着掌管不死仙药的神仙，山上宫殿金碧辉煌。

兰池正是在这种战国以来的"神仙说"影响下修筑的园池。它开创了人工堆岛的先河，而池中置山也成为后世园林布局的基本模式之一。

4. 泰液池

也叫作太液池，西汉武帝时的园林，位于今西安市西北建章宫北部。《史记·孝武本纪》记载：太初元年（前104），在建章宫以北筑造了泰液池，由海池、渐台、神山、石鱼和石龟等组成，池中有蓬莱、方丈、瀛洲、壶梁等岛屿。

从记载中可以得知，泰液池也是在"一池三山"神仙思想影响下修建的皇帝"御园"。这种围绕水体设计园林的构思，反映了人们对大自然的眷恋。

5. 虎圈

是一座圈养禽兽的动物园，在今西安市西北。《史记·孝武本纪》《史记·张释之冯唐列传》都对虎圈有记载。由此可知，虎圈最迟在汉文帝时期就存在了，并设专门的官员进行管理。

虎圈内的珍禽异兽种类很多，为了便于管理，当时还建有禽兽档案。它是我国古代较早的大型动物园。

6. 昆明池

是汉武帝开凿的大型园池。《史记·平准书》记载，昆明池始凿于元狩三年（前120），后面又进行了大规模的扩建。昆明池周长20千米，池中岛屿上建有豫章馆，池周围又有宫观环绕。

昆明池除了游憩功能之外，还兼具政治和军事功能，昆明池实际上就是汉武帝的"海军"基地。昆明池和豫章馆的命名，分别表达着汉武帝要与昆明国和南越国进行水战的决心和实现国家统一的意志❶。

7. 私家园林

秦汉时期，王公大臣和巨商富户也热衷于修筑私家园林。

《史记·白起王翦列传》记载：秦王政十九年（前228），秦王嬴政将倾国之兵60万交给王翦统率，进攻楚国。秦王亲自送王翦到灞上（在今西安市东南白鹿原），深知秦王疑心极重的王翦装作贪婪的模样，在出行前求秦王赏赐了很多的良田、屋宅和园林。在秦王的轻松大笑中，王翦获得了必需的政治安全。

可见，当时军功大臣都建有私家园林。

司马迁在《史记》中记载西汉诸侯王及显贵们的私家园林有：梁孝王的"东苑"、鲁共王的"苑囿"、灌夫将军的"陂池田园"和刘嫖的"长公主园"等。

其中，东苑最具有代表性。东苑，又叫梁园、兔园，俗称修竹园，在今河南省商丘市东

❶ 西汉初年设立豫章郡，辖18县，郡治位于南昌，范围与今天江西省绝大部分区域重合。豫章郡东连闽、南通粤，是汉初南疆的边防重镇，在汉朝平定南越、闽越的过程中，既是汉军集结地和后勤补给地，也是前线和战场。豫章郡治所在地南昌，其名便是取"南方昌盛""昌大南疆"之意。

南。《史记·梁孝王世家》记载，东苑规模较大，苑内山水岛屿、离宫别馆、奇果佳树、珍禽异兽应有尽有，是西汉著名的诸侯园林。

总而言之，司马迁《史记》的上述记载说明，中国园林产生于商周时代；到了秦汉时期，无论皇家御苑还是私家园林的造园艺术都发展到较高水平，并且创造了人工堆山、池中置岛的基本模式，为我国古典园林的进一步发展积累了宝贵的经验。

第二十六讲 《淮南子》：
道家思想与园林

《淮南子》中的"女娲补天"神话

《淮南子》中的"后羿射日"神话

一、刘安及其《淮南子》

刘安（前179—前122），沛郡丰县（今江苏省徐州市丰县）人，西汉时期文学家、思想家，汉高祖刘邦之孙，淮南厉王刘长之子。

刘安最初被封为阜陵侯，文帝十六年（前164）获封淮南王。他喜好修道，为求长生不老药，他招揽方士数千人在淮南楚山谈仙论道、著书立说，其中比较有名的是苏飞、李尚、左吴、田由、雷被、伍被、晋昌、毛被8人，号称"八公"。因此，楚山后来被人们叫作"八公山"。

中国豆腐，名扬天下，而它的发明者，就是淮南王刘安。明朝李时珍在《本草纲目》中就说过："豆腐之法，始于前汉淮南王刘安。"

当时淮南八公山一带盛产优质大豆，这里的山民自古就有用山上珍珠泉水磨出的豆浆作为饮料的习惯。刘安入乡随俗，也总爱每天喝上一碗豆浆。

一次，刘安炼丹配料时不慎将石膏掉进乳白色的豆浆里，不一会儿，奇迹出现了，只见豆浆逐渐凝成絮状，继而成了鲜嫩柔滑的豆腐。刘安求长生丹没有结果，却偶然得到了上佳食品豆腐，可谓是"有心栽花花不开，无心插柳柳成荫"。八公山，由此成了中国豆腐的发祥地。

八公山豆腐，又名四季豆腐，是安徽省淮南市的一种地方传统小吃，其晶莹剔透、白似玉板、嫩若凝脂、质地细腻、清爽滑利，无黄浆水味，手托也不散碎。成菜色泽金黄，外脆里嫩，滋味鲜美。

2008年9月17日，八公山豆腐被国家质检总局批准为地理标志产品；2018年9月，被评为"中国菜"之安徽十大经典名菜。

刘安喜欢读书、弹琴，不喜欢嬉游打猎，很注意抚慰百姓，名声很好。他在家中招募了几千宾客和方士，编撰了《淮南子》《离骚传》等著作，献给汉武帝。后来，因为被告发谋反而自杀。

《淮南子》，又名《淮南鸿烈》，是刘安及其门客所著。书中以道家的自然天道观为中心，也综合了儒、法、阴阳等各家思想，体现了熔铸百家的态度，是战国至汉初黄老之学理论体系的代表作。

《淮南子》全书共分为内21篇、中8篇、外33篇；内篇论道，中篇养生，外篇杂说。全书以道家思想为主轴，内容涉及政治学、哲学、伦理学、史学、文学、经济学、物理、化学、天文、地理、农业水利、医学养生等多个领域，是汉代道家学说中最重要的一部代表作。然而，这部涉及范围十分广泛的文化巨著，留传下来的只有《内书》21篇。

《淮南子》的体系比较庞杂，并未形成一个严密完整的一家之说，其中心是发扬老子的思想，对后来魏晋时期的思想发展有着较为深刻的影响，被近代学者梁启超赞誉为"汉人著述中第一流"。

《淮南子》中还保留了大量的古代神话传说，如"女娲补天""后羿射日""共工怒触不周山""嫦娥奔月""塞翁失马"等古代神话和寓言故事，主要靠该书得以流传。此外，《淮南子》为研究上古时代古典园林产生与发展提供了重要的资料。

二、《淮南子》的主要思想

《淮南子》总结了春秋战国时期500多年来诸侯割据、战乱不休，特别是秦朝二世而亡的历史教训，倡扬以黄老道家思想为主导，融合道家的自然天道观、儒家的仁政学说、法家的进步历史观、阴阳家的阴阳变化理论、墨家的献身精神等，构建适应大一统西汉王朝统治的崭新理论体系，为国家的长治久安提供了理论依据。

《淮南子》集先秦和汉初道家思想之大成，继承和发展了《老子》《庄子》的"道"论，提出新的"无为而治"的治国理论。《淮南子》中的"无为"，就是按照自然和社会规律办事，而不是人为地违背它。

《淮南子》倡扬"安民""利民""富民"的政策，把"民本"思想落到实处，这是治国理政的根本。《淮南子·主术训》中说："民者，国之本也；国者，君之本也。"国家的根本，就在于"民"。

《淮南子》的治国安邦之策，非常系统而实际。比如，对于法治，《主术训》主张国君执法，要赏罚分明、一视同仁。在法律面前，尊贵者、卑贱者、贤者、不肖者，都是完全平等的。这与儒家《礼记》的"刑不上大夫"，大相径庭。

《淮南子》中关于合理利用自然资源的观点，独树一帜。《主术训》

中列有"十一"个"不得"。比如，书里警示大众，怀孕的动物、刚出生的小鸟、不到一尺长的鱼、没满一年的猪，是不准捕杀的❶。《时则训》中按照十二个月的顺序，严格规定保护自然资源。比如，仲春二月，要保护河流、沼泽、池塘、水库，以确保水源充足；严禁焚毁山林；不作征伐、戍边等大事，以免妨害农业生产和经济。❷

《淮南子》中还涉及了医药与养生。《说山训》提出了一个重要的观点："良医者，常治无病之病，故无病。"意思是，能够把各种疾病消灭在萌芽状态，才是最高明的医生。《淮南子》中以疾病预防为主的思想，历来为我国医学界和养生学家所重视，并且成为中华医学的一个重要特色。此外，对于药物养生治病，《淮南子》中虽没有专门论述，但所涉及的几十种药物皆有养生之功效。

三、生态之宜与园林设计

《淮南子》文笔瑰丽、思想深邃、理论精辟，集道家之大成，其中"用之于其所适，施之于其所宜"是《淮南子》设计思想的精髓。当今生态环境问题已成为全球性问题，《淮南子》虽然不是设计学论著，却包含丰富的生态设计思想。它提出顺应天时、约地之宜、可持续发展的生态思想，这对汉代及其以后的园林设计产生了深远影响。

（一）顺应天时

《淮南子》提出，人类应该顺应自然规律，根据季节与气候的规律开展农业生产活动，如"农历六月，土地湿润、温度高，并时常有大雨降临，所以可以割草烧灰沤制肥田"。❸

这里必须提出的是，《淮南子·天文训》第一次科学全面地记载了"二十四节气"，确立了有规律的农业时序观念，以此指导人们的农业

---

❶ 原文为："孕育不得杀，殼（kòu，雏鸟）卵不得探，鱼不长尺不得取，彘（zhì，猪）不期年不得食。"

❷ 原文为："仲春之月，……毋竭川泽，毋漉陂池，毋焚山林，毋作大事，以妨农功。"

❸ 原文为："季夏之月，……土润溽（rù，潮湿）暑，大雨时行，利以杀草，粪田畴，以肥土疆。"

生产与生活，促使人类生存环境与自然生态之间形成稳定和谐的良性关系，也体现了刘安及其学派顺应自然、因循自然的环境生态主张。

《淮南子·时则训》中说："农历九月，霜降开始，各种工匠应该停止工作。朝廷还命令有关官员通告百姓，寒冷的气流即将来临，人忍受不了这样的寒冷，应在室内避寒。"❶这表明人在面对自然的不可抗力时，要选择改变自身生活方式以顺应自然。

同时，《淮南子》还主张人类可以在顺应自然规律的前提下改造自然。《淮南子·原道训》中说："是故禹之决渎也，因水以为师；神农之播谷也，因苗以为教。"意思是，大禹治水是利用水往低处流的自然特性来进行的，神农播谷是遵守稻谷自然生长的特性来耕种的。这正体现了古人注重改造自然的活动与自然规律相适应的生态实践观。

（二）约地之宜

《淮南子·原道训》中说："橘树移到江北就变成了枳，鸲鹆（qú yù，八哥）不能过济水，貉（hé）一过汶水便会死去。它们的特性是不能改变的，生活环境也是不能变移的。"❷可见，《淮南子》深刻认识到自然规律对于指导实践的重要性，要求在实践过程中不仅要坚持顺天之时，而且要有约地之宜的发展观念。

《淮南子》总结了一系列关于如何利用地理环境的经验，如"东方，川谷之所注，日月之所出"，适宜种植小麦；"南方，阳气之所积，暑湿居之"，适宜种植水稻；"西方，高土，川谷出焉，日月入焉"，适宜种植黍米；"北方，幽晦不明，天之所闭也，寒水之所积也"，适宜种植豆类农作物。

《淮南子·齐俗训》还指出："地宜其事，事宜其械，械宜其用，用宜其人。"这表明，不仅要根据土地的特点选择合适的农业活动，还要根据这些活动选择合适的农具和器械，并且这些农具和器械的使用要适合人的操作和使用习惯。这样的安排可以最大限度地发挥人的能力和自然资源的潜力，实现高效、可持续的农业生产。

---

❶ 原文为："季秋之月，……霜始降，百工休，乃命有司曰：寒气总至，民力不堪，其皆入室。"

❷ 原文为："故橘树之江北，则化而为枳；鸲鹆不过济；貉渡汶而死；形性不可易，势居不可移也。"

（三）可持续发展

《淮南子》指出，生态资源是有限的，无节制的欲望与过度开采有可能导致生态资源的枯竭。如《淮南子·诠言训》指出："要减少事务的复杂性，根本在于控制个人的欲望；而控制欲望的根本，则在于回归虚静平和的天性。"[1]

《淮南子》认为，造成生态资源恶化的主要原因在于统治者，统治者骄奢淫逸的欲望消耗破坏了大量自然资源。因此，书中提倡固本节用，认为需要从国家可持续发展战略的高度，合理利用自然资源，才能保证生态资源的自我更新与恢复。"因循自然"的目标是"宜"，只有"因循自然"，才能让万物各得其宜，各得所安，实现生产与生活的适宜之美。

在人类社会发展与自然环境矛盾越发尖锐的今天，《淮南子》中的生态思想给我们提供了一条崭新的发展思路，向我们揭示了园林建设过程中人与自然和谐发展的可行性和必要性，为当代人类社会发展和生态文明建设提供了借鉴与启示。

---

[1] 原文为："省事之本，在于节欲；节欲之本，在于反性。"

第二十七讲 《说苑》：
山水思想与园林

清·毕沅《关中胜迹图志》之"华岳图"

清·毕沅《关中胜迹图志》之"龙门图"

一、刘向及其《说苑》

刘向（前77—前6），字子政，沛郡丰邑（今江苏省徐州市）人，汉朝宗室大臣、文学家，阳城侯刘德之子，经学家刘歆之父，中国目录学鼻祖。

刘向学问渊博，曾接受诏令，负责校正宫廷秘藏的书籍近20年，对古籍的整理保存做出了巨大贡献，由此撰写而成的《别录》，是我国最早的图书分类目录。

他又集合上古至秦汉的符瑞、灾异记录，通过归纳整理，撰成《洪范五行传》11篇，是中国最早的灾异史。

刘向在文学上以辞赋和散文见长，《汉书·艺文志》收录了他写的33篇赋，如今多散失，仅存追念屈原的《九叹》。他的散文，现在仅存留了部分奏疏和点校古籍的叙录，著名的有《谏营昌陵疏》和《战国策叙录》，文章叙事简约，论理畅达，从容不迫，对唐宋古文家产生了一定的影响。

他又采集前代史料、轶事，撰成《说苑》《新序》《列女传》，其中有一些很有意义和文学特点的故事，是魏晋小说的先声。

此外，他还编订了《楚辞》，与儿子刘歆一起共同编订了《山海经》。

《说苑》，又名《新苑》，是古代杂史小说集，记述了春秋战国至汉代的遗闻轶事，共20卷，成书于汉成帝鸿嘉四年（前17）。

《说苑》的内容以记述诸子言行为主，不少篇章中有关于治国安民、家国兴亡的哲理格言，主要体现了儒家的哲学思想、政治理想及伦理观念。

由于作品取材广泛，采获了大量的历史资料，所以，给人们探讨历史提供了许多便利之处。有些古籍本来已经散失，但《说苑》中却保存了部分内容，吉光片羽，尤为可贵。书中记载的史事，有的可与现存典籍互相印证；有的记事与《史记》《左传》《国语》《战国策》《荀子》《韩非子》《管子》《晏子春秋》《吕氏春秋》《淮南子》等书籍不尽一致，可供历史研究者参考。

总的来说，《说苑》是一部富有文学意味的重要文献，书中有许多哲理深刻的格言警句，叙事意蕴讽喻，故事性颇强，又以对话体为主。其中，除第十六卷《谈丛》外，各卷的多数篇目都是独立成篇的小故事，有故事情节，有人物对话，文字简洁生动，清新隽永，有较高的文学欣赏价值，对魏晋乃至明清的笔记小说也产生了一定的影响。

二、《说苑》中的名言

《说苑》的主要内容，用现在的话来说，就是"名言汇编"，也可说是"妙语集锦"。书中全是与从政、修身、世道、人心息息相关的短篇故事。言论是人类智慧的流露，往往是针砭时事，有感而发，所以名言如果离开了故事，就失去其意义。根据故事的内容，刘向的《说苑》分为君道、臣术、建本、立节等20卷，是中国古代智慧的结晶，比西方《圣经》中的箴言更贴近实际的人生事务。

下面摘录部分《说苑》一书中发人深省的名言，以飨读者。

（1）智不重恶，勇不逃死。——《说苑·立节》

释义：聪明的人不重犯过去的罪恶，勇敢的人不怕死亡。

（2）营于利者多患，轻于诺者寡信。——《说苑·谈丛》

释义：钻营钱财的人多祸患，随便许诺的人很少守信用。

（3）少而好学，如日出之阳；壮而好学，如日中之光；老而好学，如炳烛之明。——《说苑·建本》

释义：年少的时候爱好学习，就如同刚升起的太阳；壮年的时候爱好学习，就如同中午的阳光；等到老年再去学习，就像那燃烧蜡烛发出的光亮。

说明学习在什么时候开始都为时不晚。

（4）不威小，不惩大。——《说苑·指武》

释义：对于小恶不加以威吓，对于大恶就无法惩治。

说明要防患于未然。

（5）患生于所忽，祸起于细微。——《说苑·敬慎》

释义：灾难起于疏忽的时候，祸患发生在细小的事情上。

说明人应当做到防微杜渐。

（6）学所以益才也，砺所以致刃也。——《说苑·建本》

释义：人通过学习，方能增长才智；刀经过磨砺，方能更加锋利。

（7）讯问者，智之本；思虑者，智之道。——《说苑·建本》

释义：经常请教询问，是保持聪明的根本；经常思考问题，是取得智慧的途径。

（8）人皆知以食愈饥，莫知以学愈愚。——《说苑·建本》

释义：人们都知道用食物来充饥，却不知道用学习来改变愚昧。

（9）智莫大于阙疑，行莫大于无悔。——《说苑·谈丛》

释义：智慧中没有比有疑问而不妄作判断更好的了，行为中没有比不后悔更伟大的了。

表明遇到疑难而暂时无法解决的问题，采取不主观臆测的态度是科学的，事后不后悔的行为便是成功的行为。

（10）一言而非，驷马不能追；一言而忽，驷马不能及。——《说苑·谈丛》

释义：一句话说得不对，一旦说出口，即使有四匹马拉的车也追不回来；一句话说得不全面，一旦说出口，即使有四匹马拉的车也补不上。

（11）不困在于早虑，不穷在于早豫。——《说苑·谈丛》

释义：想要避免窘迫困顿的处境，关键在于事先谋划并做好准备。

（12）人才虽高，不务学问，不能致圣。——《说苑·建本》

释义：有的人虽然天资很高，但如果不努力学习，最后也不能成才。

（13）财不如义高，势不如德尊。——《说苑·谈丛》

释义：财富比不上道义崇高，地位比不上品德高贵。

（14）心之得，万物不足为也；心之失，独心不能守也。——《说苑·谈丛》

释义：信心充足，做任何事情都不在话下；信心丧失，就连自己的意志也不能维护。

（15）一围之木持千钧之屋，五寸之键而制开阖，岂材足任哉？盖所居要也。——《说苑·谈丛》

释义：仅仅两手围合那么粗的木头，却能支持千钧重的房屋；只有五寸长的门闩，却能操纵着大门的开合。哪里是这些材料足以胜任啊，而是它们所处的位置都是要害的地方。

说明了位居要冲与关键地位的重要性。

（16）时过然后学，则勤苦而难成。——《说苑·建本》

释义：荒废了最好的学习时间，即使勤奋刻苦，也很难成就大业。

（17）泰山不辞壤石，江海不逆细流，所以成大也。——《说苑·尊贤》

释义：泰山不拒绝任何土壤、石块，大江大海不拒绝流来的细小支流，才能形成巍峨的山峰和宽阔的江海。

以泰山和江海的宏伟和宽广来劝世人要虚怀若谷，只有谦虚才能进步。

（18）骐骥足及千里，置之宫室使之捕鼠，不如小狸。——《说苑·杂言》

释义：骐骥这样的良马，可以到达千里，但把它放在房子里，让它捕老鼠，它还不如一只小野猫。

说明只有扬长避短才能在竞争中取胜。

三、《说苑》中的山水思想

自古以来，人们就喜欢游山玩水，并形成了很多山水园林风景。古人曾有"登泰山而小天下"的感慨；当今更有"桂林山水甲天下"的美誉。就连孔夫子也曾站在江河之滨，发出了"逝者如斯夫，不舍昼夜"的感叹，提出了"智者乐水，仁者乐山"的历史宏论。

《论语·雍也》中的"智者乐水，仁者乐山"，是现实中人们经常引用的一句话，大多把它理解为人们喜爱山水的一种心境，但是，为什么乐水者必是智者，乐山者必是仁者？为什么古今仁人志士大多喜好登山涉水，以山水为乐？怎样才能正确解读"智者乐水，仁者乐山"？

其实，刘向《说苑》中就有相关描述，对我们理解孔子的这句话很有帮助。

《说苑·杂言》中有这样的记载❶：

孔子在观看向东流去的河水。

---

❶ 下文是白话文翻译，原文从略。

子贡问道："君子见到浩大的水流一定要仔细观看，是什么缘故呢?"

孔子说："水，能够启发君子，用来比喻自己的德行修养。它遍布天下，给予万物，毫无偏私，有如君子的道德;所到之处，万物生长，有如君子的仁爱;水流向下，随物赋形，有如君子的高义;在浅处流动不息，在深处难以估测，有如君子的智慧;奔赴万丈深渊，毫不迟疑，有如君子遇事果决勇毅;虽然看似柔弱，却无孔不入，有如君子明察秋毫;即使蒙受恶名，却默不申辩，有如君子包容一切的豁达胸怀;泥沙俱下，最后仍然是一泓清水，有如君子善于改造事物;装入量器，一定保持水平，有如君子立身正直;遇满则止，并不贪多务得，有如君子讲究分寸，处事有度;无论怎样的百折千回，一定要东流入海，有如君子坚定不移的信念和意志。所以君子见到大的水流一定要仔细观察。(因为这无疑是在反观自身啊!)"

子贡又问："那么，有智慧的人为什么喜欢水呢?"

孔子回答说："因为水具有上述特征，所以它有力量、很公平、有礼节、很勇敢、知天命、很善良。所以万物有了它则生，无它则死。清澈深邃的流水就像圣人一样，通达滋润天地之间。治理国家如果能够像水这样运作，国家就会兴旺发达、民富国强。这就是有智慧的人喜欢水的原因。"

子贡接着问："那么，有仁爱之心的人为什么喜欢山呢?"

孔子说："雄伟巍峨的大山屹立在那里，人们必须仰头才能看到。草木、飞禽、走兽、宝藏、奇人以及万物都依赖大山而生存，大山以它阔大的胸怀孕育万物，生生不息，并对四方来取者慷慨奉献。大山与天地之间气息相通、风起云涌，矗立于天地之间。治理国家如果像山一样稳重，国家就会兴旺发达、民富国强。这就是有仁爱之心的人喜欢大山的原因。"

从《说苑》的阐述中我们可以看到，山有其高、深、博、大;水有其灵、动、柔、变。山和水构成了大自然中两种风格迥异的物质形态。山水之态，也就是君子的品性。爱山，你能懂得什么是持之以恒;爱水，你会悟出什么是稍纵即逝。

清代文人张潮说："文章是案头之山水，山水是地上之文章。"身处自然，阅读山水，常令人内心异常平静，山水可以陶冶人的性情。这也许就是中国园林叫作自然山水园林的原因吧。

第二十八讲 《白虎通义》:
神学思想与园林

五行生克图

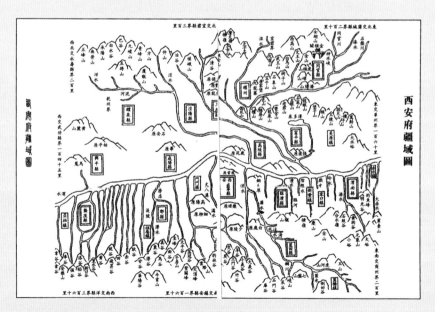

清·毕沅《关中胜迹图志》之"西安府疆域图"

一、班固及其《白虎通义》

为了巩固儒家思想的统治地位，使儒学与谶纬之学进一步结合，东汉汉章帝建初四年（79），朝廷召开了白虎观会议，由大夫、博士、议郎、郎官和诸生陈述见解，意图弥合今文经学与古文经学❶的异同。会议的成果由班固写成《白虎通义》一书，简称《白虎通》。

班固（32—92）是班彪之子，班超之兄，16岁进入洛阳太学。班固出身儒学世家，父亲班彪当时已是远近闻名的学者，好多人前来拜他为师或与他探讨学问。受父辈学者的影响，班固开阔了眼界，学业大有长进。

班固曾任兰台令史、校书郎等职，负责掌管和校定皇家图书。他一生著述颇丰。作为史学家，其修撰的《汉书》，位列"前四史"之一；作为辞赋家，他是"汉赋四大家"之一，其所著《两都赋》开创了京都赋的范例，列入《文选》第一篇；作为经学理论家，其所编《白虎通义》集当时经学之大成，将谶纬神学理论化、法典化。

《白虎通义》继承了董仲舒今文经学神秘的"天人感应"唯心主义思想，并加以发挥，把自然秩序和封建社会秩序紧密结合起来，提出了完整的神学世界观。《白虎通义》以神秘化了的阴阳、五行为基础，解释自然、社会、伦理、人生和日常生活中的种种现象，对宋明理学的人性论产生了一定的影响。

---

❶ 今文经学和古文经学之间的差别，不只是书写的文字不同，而且经典的字句和篇章都有所不同，最关键的是观念上的差异。今文经学视孔子为政治家，以"五经"（《诗》《书》《礼》《易》《春秋》）为孔子政治思想的核心，偏重于"微言大义"，即从经典的话语中寻求解释的空间。比如，董仲舒试图从《春秋》中为汉朝统治的合法性找到依据，说《春秋》是孔子"为汉制法"；其弊病在于往往流于"怪诞"，比如，汉代今文经学家制造出一系列神话将孔子神化，所以经常有一些"非常异义可怪之论"。而古文经学视孔子为史学家，将"六经"（"五经"加上已失传的《乐经》）看作孔子整理古代史料的书，偏重于古文解释、说明和考证。

二、《白虎通义》中的神学思想

与董仲舒认为"天"是百神之君、万物之祖相类似，《白虎通义》也认为宇宙间万事万物的最高主宰，是有目的地创造了万物的"至尊"之神——"天"。这位"至尊"之神，爱好清静，喜欢听清雅的音乐，厌恶铿锵之声。它不仅有目的地创造了万物，而且有目的地创造了人，还特意派遣它的儿子——"天子"代表它在地上统治人民。

但是，按照《白虎通义》的说法，这位"至尊"之神是听之无声、视之无形的。因此，为了更加具体、形象地说明人类及其文明的产生，《白虎通义》在"至尊"之神"天"的招牌之下，又从《易纬》那里抄来太初、太始、太素等说法，认为宇宙生成经历了太初、太始、太素三个阶段，分别形成了"气""形""质"，然后衍生出"三光"（日、月、星）和"五行"（金、木、水、火、土）。

从表面来看，这好像认为宇宙是由"气"分化而来，而实际上这是歪曲气的宇宙生成论，而对天的形成及其创世造物所作的唯心主义的哲学说明。

因为，在这里起决定性作用的还是天。《白虎通义》认为，天是有意志有人格的"神"，所以能居高临下，作为人的主宰。

至于"气""五行"，那只不过是"天"用以生成自然界与人类文明的材料，整个宇宙的生成与变化也还都是由最高的"神"——"天"安排的。

既然"天"造就了"人"，"人"就应事事顺应"天"。尤其是受命于天、由"天"所立的"天子"，更应该按照天意行事。

《白虎通义》认为，如果"天子"实行德政，其统治顺乎"天意"，天神便会降下各种符瑞以示奖赏；反之，如果"天子"在统治人民的过程中有什么"过失"，出现了不合"天意"的地方，天神便会降下各种怪异的现象，以督促天子改过。

《白虎通义》的这套符瑞灾异之说，其实是对自董仲舒以来"天人感应""人神合一"神学迷信的照搬，没有任何新意。

既然君主的"主权"来自天神的赐予，既然"天子"是"天神"的儿子，那么"天子"就应该像"子事父"那样孝顺"天神"。但是"天神"高高在上，"天子"却在地下，"天子"又怎样才能向"天神"表达自己的"孝"心呢？

《白虎通义》认为，办法之一便是定期举行隆重的郊祀。除了祭祀之外，君主每当从事征伐、巡狩等重大政治活动时还必须向天神报告。

为了及时地了解"天意"，以便顺应天意行事，《白虎通义》认为还必须建造一些感通神灵的场所，如灵台与明堂。通过神秘的灵台与明堂，"天子"便可与"天神"完全沟通了。

《白虎通义》认为，"天子"除了在灵台上、明堂里体察"天意"外，还必须对"天神"用以生成万物并直接管辖着一年四季更迭和万事万物变化的"阴阳""五行"进行考察，因为"天神"的意志是通过"阴阳""五行"表现出来的。

在"五行"之中，木是少阳，居于东方，主管春季；火是太阳，位居南方，主管夏季；金是少阴，位在西方，主管秋季；水是太阴，位在北方，主管冬季；土是阴，位在中央，总管四季。

与此同时，"天神"还派出了五帝、五神、五精坐镇五方。这样一来，阴阳五行、春夏秋冬、东南西北中便都被置于"天神"和"天神"派出的五帝、五神、五精的直接控制之下。阴阳五行被彻底神学化了。

在《白虎通义》看来，"天子"要按照"天意"行事，首先就应按照"天神"派出的五帝、五神、五精的意志行事。而五帝、五神与五精又是主管"阴阳"与"五行"的。所以按照五帝、五神与五精的意志行事也就是要"顺阴阳、法五行"。因为只有"阴阳和，万物序"，五帝、五神、五精才会满意，"天神"也才会高兴，符瑞才会应德而至。

因此，大到重要的政治活动，小到吃穿住行，都必须"顺阴阳"而行。至于"五行"，《白虎通义》提出，为了效法五行，需要设立五个等级的爵位、设置五种刑罚等。

综上所述，《白虎通义》沿着董仲舒开辟的天人感应的神学思想路线，以至尊的"天神"和由"天神"派遣到地下的五帝、五神、五精为基础，并大量吸收《易纬》中的"太初""太始""太素"等思想，建构起一个庞大、完备的以论证"君权神授"为目的的神学思想体系。

三、神学思想对宫苑构建的影响

秦汉时期，"天人相通""天人感应"的观点，虽然在一定程度上并不科学，特别是在这种思想观念下形成的谶纬思想，更是导致了迷信横生；但是它却体现了秦汉时期人们冥冥之中所感受到的"天"和人之间紧密的联系，并且有意识地运用一些蕴含在天地万物中的自然规律。而将这一观念运用到园林和建筑上来，遵循"体象天地"的法则，不仅给当时的人以宗教般的信仰依靠，而且形成了中国宫苑特有的审美规范。

"体象天地"既要效法天上之日月星辰、效法"天圆地方"，也包含了象征"地"上的飞禽走兽、四季更替，体现了秦汉时期人们对宇宙空间的认识和利用，以及通过"体象天地"的方式实现"天人相通"的愿景。

"体象天地"首先是整体布局的模拟，主要是象征天上的星辰。如《史记·秦始皇本纪》中说："（始皇帝）二十七年，始皇巡陇西、北地，出鸡头山，过回中。焉作信宫渭南，已更命信宫为极庙，象天极。"

始皇帝二十六年（前221），秦始皇统一六国，第二年就开始在渭水南岸建造信宫，并且在其建设完工之际，又更名为"极庙"，象征"天极"。"天极"就是北极星，也就是孔子所说的"为政以德，譬如北辰，居其所而众星拱之"。

众所周知，北极星正对着地球的自转轴，在茫茫星空中是相对不动的，其他星体却围绕着它旋转，因而它具有指引方向的作用。孔子的这句话本来只是个简单的比喻，但是后来人们将这颗恒定不动、被众星环绕、像天帝一样威严的北极星想象为天帝的居所。

而秦始皇用"极庙"命名自己营建的宗庙，让来自四面八方的诸侯国在此朝贺，从而象征自己就是天空在世俗世界的代表，直接将自己与天、神联系起来。

不仅宫殿的名字都具有象征意义，秦始皇还在人间建起了天桥。"乃营作朝宫渭南上林苑中。先作前殿阿房……为复道，自阿房渡渭，属之咸阳。以象天极，阁道绝汉抵营室也。"星象家认为，天帝出自"天极"，经过横绝天河的"阁道"，抵达"营室"，这是一条由天帝之座的紫微宫通往离宫别馆的通行路线。

"体象天地"也是对"天圆地方"认识的实施，也体现着人们对世界、"大地"的认识。如班固《西都赋》对西都长安的描述："其宫室也，体象乎天地，经纬乎阴阳，据坤灵之正位，仿太紫之圆方。""坤灵"即大地之神；而"圆方"指的是"天圆地方"。西汉长安城宫殿的位置就象征了天上太微星和紫微星在天空的位置，也同时效法了"坤灵之正位"，体现了古人对"天圆地方"的认识。

而在官殿的具体营建上，秦汉时期人们往往在梁柱之上雕刻各种图案，其中最为重要的就是龙、凤等神物和各种珍禽异兽。

东汉王延寿《鲁灵光殿赋》中记载：鲁灵光殿的富丽堂皇，以及宫殿的雕刻之精细，正是"飞禽走兽，因木生姿"，有奔虎、虬龙、朱鸟、腾蛇、白鹿、蟠螭、狡兔、猨狖（yuán yòu，猿猴）、玄熊，如此等等。这些动物有的是人们想象出来的灵物，其余的都是世间珍奇的动物。在古代，人们往往将动物当作供祭、通神之物，因此它们身上都有深刻的寓意。在建筑物上雕刻动物寄托了古人镇宅、宁神的美好愿望。在一个王侯的宫殿中就有如此精细和寓意深厚的雕刻，帝王的官苑就更不用说了。

除雕刻外，正如前文提及的那样，秦汉园林中总是畜养着各种各样的珍禽异兽、种植着各种各样的奇树异木。古人称赞梅兰竹菊为"四君子"，这些珍禽异兽、奇树异木也因为其独特的品质而受到时人的推崇，因此蓄养、种植这些动、植物就不仅仅局限于其观赏或者经济方面的价值，而更加注重其象征意蕴，注重其沟通"天人"的深刻寓意。

"体象天地"的官苑构建原则，将人的居所与其想象和观察中的"天"进行了对应，体现了人们意图通天的美好愿望，也成为古代人们朴素的构建"天人"和谐一体的重要方式。

第二十九讲 《论衡》:
气象思想与园林

天象景观是园林中的重要造景元素(杭州西湖日出与雪景)

一、王充及其《论衡》

王充（27—约97），字仲任，会稽上虞（今浙江省绍兴市上虞区）人，东汉时期杰出的唯物主义思想家和教育家，被称为"战斗的无神论者"。他的思想包括元气自然论、无神论、认知论、历史观、人性说、命定论等。

王充自小聪慧好学，博览群书，擅长辩论；后来离乡到京师洛阳就读于太学，师从班彪。他曾做过郡功曹、州从事等小官，因政治主张与上司不合而受贬黜，后罢官还家，专心写作。晚年，汉章帝下诏派遣公车征召，被他拒绝。汉和帝永元年间，在家中去世。

汉代儒家思想体系是董仲舒提出的唯心主义哲学思想，其核心是"天人感应"说，由此生发出对其他一切事物的神秘主义解释和看法。"天人感应"的要旨就是"天帝"有意识地创造了人，并为人创造了"五谷万物"；有意识地生下帝王来统治万民，并立下统治的"秩序"。

王充是汉代道家思想的重要传承者与发展者。他的思想以道家的"自然无为"为立论宗旨，以"天"为天道观的最高范畴，以"气"为核心范畴，构成了庞大的宇宙生成模式，与"天人感应说"形成对立之势。他在主张生死自然、力倡薄葬及反叛神化儒学等方面彰显了道家的特质，并以事实验证言论，弥补了道家空说无着的缺陷。

王充十分推崇司马迁、扬雄、桓谭等人，继承了这些先行者的叛逆精神，与"天人感应"的神学目的论和谶纬迷信进行了针锋相对的斗争。在斗争中，王充建立了一个反正统的思想体系，无论对当时还是对后世都产生了深远的影响。

王充的代表作《论衡》，创作于章和二年（88），共85篇，31万字，分析万物的异同，解释人们的疑惑，是中国历史上一部不朽的无神论著作。

东汉时期，儒家思想在意识形态领域里占支配地位，但与春秋战国时期所不同的是，儒家学说染上了神秘主义的色彩，掺进了谶纬学说，使儒学变成了"儒术"。其集大成者并作为"国宪"和经典的是皇帝钦定的《白虎通义》。王充写作《论衡》一书，就是针对这种儒术和神秘主义的谶纬说进行批判。

"衡"字本义是"天平"，因此，《论衡》就是评定当时言论价值的天平。它的目的是"冀悟迷惑之心，使知虚实之分"。因此，它是古代一部不朽的唯物主义哲学文献。

正因为《论衡》一书反对汉代的儒家正统思想，故而遭到当时以及后来历代封建统治阶级的冷遇、攻击和禁锢，将它视为"异书"。历代对王充及其《论衡》的评价，见仁见智，褒贬不一，毁誉参半。

直到近现代，学者们才对王充的《论衡》有了较为客观的认识和系统的研究。尽管在研究中还有不少分歧，有些问题还有待进一步深入探讨，但这部著作正日益显现出耀眼夺目的思想异彩。

二、气象思想与天象景观

王充《论衡》中的内容包含大量天文学、气象学、地理学、生物学、医学等自然科学方面的知识。王充对董仲舒和谶纬神学的批判，多是以气象灾害和异常天象等自然现象作为论证依据的。

所谓天象，指的是日月星辰等天体的分布及运行状况所展现的现象，以及大气中冷、热、干、湿、风、云、雨、雪、雾等物理现象所展现的大气状态。王充平时十分注意对大气现象的观测，并且重视对于相关气象知识的积累，《论衡》中也有许多篇章专门讨论了气象问题。

在中国古典园林中，天象景观也是重要的造景元素之一。日月星辰、晨昏交替、四时变化等天文景观，以及风霜雨雪、云雾虹霞、电闪雷鸣等气象景观，变幻莫测、亦真亦幻，具有一种风月无边之美，常作为园林中"借景"的对象，具有烘托主景、营造气氛、寄托情愫和生发意境的作用。

王充对各种大气现象的认识散见于《论衡》的各篇章之中，大致可以概括为以下几个方面。了解这些知识，对深入认识古典园林的天象景观也有帮助。

（一）天气预测

汉代的大气科学较以往有了很大进步，尤其值得一提的便是天气预测，即当时所说的"物象测天"。

王充在《论衡》中引用"物象测天"知识，是用来批判"灾异论"和"谴告说"的。他认为，天气的变化能够影响人和事物的变化，而人行为的好坏却无法引起天气的变化，更谈不上感动天或者激怒天。

1. 通过人和物的变化预测天气

王充在《论衡·变动篇》和《论衡·商虫篇》中都提到通过人和物的变化来预测天气的经验。

书中概括了"蚁""蜹（ruì，蚊类昆虫）""商羊""蝼蚁""丘蚓""琴弦""固疾"等多个可以预测降雨的物的变化，当然，"商羊起舞"这条经验并不具备科学根据，王充仅是将其作为一种在民间广为流传的测雨方法一同进行了归纳。

王充将这些丰富的能够预测天气的物象指标进行了系统的概括，他总结这些指标是"风雨之气感虫物"，包括："巢居之虫动"有风，"穴处之物扰"有雨。这里的"巢居之虫"指的是昆虫和鸟类，这类动物有异常的反应，说明即将起风；"穴处之物"指的是蝼蚁、蚯蚓、蛇、鼠之类，这类动物出现异常反应，说明即将下雨。

2. 通过云自身的变化预测天气

王充在发现通过人和物的变化能够预测天气的同时，还注意到了云自身的变化和晴雨的变化之间的关系。

王充发现，在降雨之前，云会有一个变化的过程。当云中积累了较多的水分之后，雨才能够降落下来，汇聚成水流。另外，晴雨转换，也属于自然规律，正如民间所流传的"久晴必雨，久雨必晴"。

3. 民间其他天气预测经验

《论衡·寒温篇》中包含三条民间预测天气的经验。

"今日寒而明日温"说明气温每天都在变化，今天气温降到最低，明天气温就有可能会升高。

"朝有繁霜，夕有列光"是说如果早晨霜很重，那么接下来一定是晴好天气，到夜间，月光、星光交相辉映。

"旦雨气温，旦旸气寒"是说如果夜间有云雨，那么辐射降温就少，所以气温较高；如果夜间无云，那么辐射降温就多，所以气温较低，人们就会感觉到寒冷。

这些经验之谈，在气象科学知识较为发达的今天看来，表述十分正确，对于当时的人们来说也是极其难能可贵的。

（二）天文气象

自三皇五帝起，我国历代的天文、气象和历法就是紧密联系在一起的，人们观测星辰的主要目的就是制定历法、分清节气、了解气候，以便更好地安排农事等生产活动。因而，天文气象知识在当时也是尤为重要的。

王充《论衡》的许多篇章中都引用了天文气象知识，值得一提的是，他对古人的一些似是而非的说法作出了说明和澄清。

在《论衡·明雩（yú）篇》中，王充就对儒家门人为了歌颂孔子而编造出来的故事进行了批判，提出"月离于毕"❶仅仅是用来占测气候的，并不能作为预测天气的指标。

另外，王充还运用大量的天文科学和天文气象观测事实，揭露了汉儒使用"冬天阴气重，会遮掩日光；而夏天阳气多，不会遮掩日光"来解释冬、夏日常变化的错误性和荒诞性，批判了他们的这种脱离科学实验来妄谈对自然界事物的认识的无知行为。

王充在《论衡·谈天篇》和《论衡·说日篇》等篇章中，还就宇宙论模型、日月食蚀、陨星等问题，批判了"天人感应"的天道观，并提出了自己的正确见解。

（三）对大气现象成因的探讨

❶ 先秦时期的《诗经·小雅·渐渐之石》中说："月离于毕，俾滂沱矣。"意思是毕星主雨，月亮依附于毕星，是降雨的征兆。传说孔子曾通过"月离于毕"与否预测下不下雨。

王充在《论衡》中还对一些大气现象、天气和气候的成因，以及其中一些奇异的自然现象，在理论上进行了探讨，这对于后代的气象研究是具有启发性意义的。

1. 云雨生成论

儒家正统思想强调，认为雨是从天上落下来的。对此，王充提出，雨其实是从地面升上天而不是从天上落下来的。

他认为，雨从地面而上的过程，是从山上开始的。其实，云就是雨，雨就是云。开始的时候是云，云多了、厚了，就成为雨。云雾都是雨的征兆，夏天变成露，冬天变成霜，暖的时候变成雨，冷的时候变成雪。雨和露，冻结和凝结，这些现象都是在地上形成而不是从天上降下来的。

王充不仅解释了雨系来自云层中的降水这一观点，还对云雨关系和季节的变化进行了说明。他的这种对云雨成因的认识和解释，在当时是十分科学和正确的。

2. 雷电生成论

雷电是人们经常遇到的一种天气现象，而当时儒家正统思想对雷电现象却作出了荒诞的解释，把它说成是上天意志的表现。他们说雷是雷公击动天鼓，用来表示对帝王某些行为的不满；雷电劈死人是上天对那些有罪的人的惩罚。对于这些谬论，王充都给予了有力的驳斥。

王充指出："雷者，太阳之激气也。"太阳激气，也就是太阳辐射影响气温。在《论衡·雷虚篇》中，他对雷的成因作出了自己的解释：夏天阳气占支配地位，阴气与它相争，于是便发生碰撞、摩擦、爆炸和激射，从而形成雷电。这种观点与现在所认为的，太阳辐射引起热对流从而造成雷雨的理论是一致的。

总的说来，王充《论衡》中所包含的自然科学知识范围很广，涉及宇宙、天文、历法、气象、生物、医药、水利、几何等多个方面。在儒家"天命论"思想盛行的汉代，王充用唯物主义观点对冬寒夏暑、风雨阴晴、雷鸣电闪、水旱灾害等众多天气现象作出了较为科学的分析和解释，不仅揭露和批判了当时儒家思想的反动性和虚妄性，而且推动了当时气象科学的发展。

第三十讲 《伤寒杂病论》：
中和思想与园林

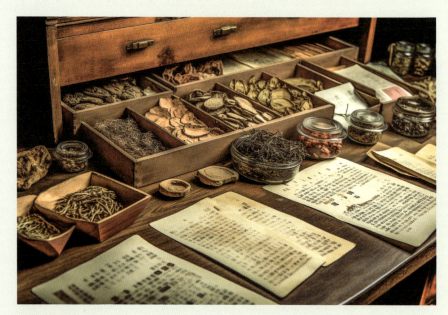

中草药和中药药方

中医"望闻问切"四种诊法

一、张仲景及其《伤寒杂病论》

张仲景（约150～154—约215～219），名机，字仲景，南阳涅阳县（今河南省邓州市穰东镇）人，东汉末年著名医学家，中国古代传统中医学的集大成者和代表人物，建安三神医之一，被后人尊称为"医圣"。

建安年间瘟疫四处流行，张仲景广泛收集医方，写出了传世巨著《伤寒杂病论》。这是继《黄帝内经》之后，又一部具有重要影响力的光辉医学典籍。

《伤寒杂病论》约成书于200—210年，是集秦汉以来医药理论之大成，并广泛应用于医疗实践的专书，是我国医学史上影响最大的古典中医著作之一，也是我国第一部临床治疗学方面的巨著。《伤寒杂病论》的贡献，首先在于发展并确立了中医"辨证论治"的基本法则，是中医临床的基本原则，是中医的灵魂所在。

《伤寒杂病论》是一部以论述外感病与内科杂病为主要内容的医学典籍。中医所说的伤寒，实际上是一切外感病的总称，也包括瘟疫这种传染病。

《伤寒杂病论》系统地分析了伤寒的原因、症状、发展阶段和处理方法，创造性地确立了对伤寒病的"六经分类"的辨证施治原则，奠定了理、法、方、药的理论基础。

原书散失后，经晋朝太医令王叔和等人收集整理校勘，分编为《伤寒论》和《金匮要略》两部。

《伤寒论》共22篇，记述了397条治法，载方113首，专门论述伤寒类急性传染病。

《金匮要略》共25篇，记载疾病60余种，收方剂262首，所述病证以内科杂病为主，兼及外科、妇科疾病及急救猝死、饮食禁忌等内容，被后世誉为"方书之祖"。

二、张仲景"和法"治疗的内涵

《伤寒杂病论》一书蕴含丰富的疾病治法思想，如汗法、吐法、下法、和法、消法、清法、温法、补法等，其中"和法"所涉及的治疗范围广，在临床上应用最为广泛。

所谓"和法"，是指通过一定的治疗措施，以达到祛除病邪、留存正气、调和阴阳、恢复机体脏腑功能的目的。

"和"在《伤寒杂病论》中出现了79次，贯穿理、法、方、药的全过程。"失和"则病，"得和"乃治。"和"不仅高度概括了张仲景对人体生理、病理的认识，而且集中体现了他的辨证论治思想，并贯穿学术观点的始终，是其医学理论的核心之一。

张仲景"通贯三才"，其"和法"思想包括"以人为本"的道德观、"以顺为养"的养生观、"以述为作"的发展观与"以和为治"的治疗观。张仲景所创制的"和法"，为此后中医治疗"八法"的完备奠定了坚实的基础。

（一）"和"的旨趣：天人合一

首先，"和"是对天人正常关系与人体正常状态的描述，如《金匮要略·脏腑经络先后病脉证第一》中的"若五脏元真通畅，人即安和"。

其次，"和"是论治的目的与总原则，《伤寒论》第58条集中反映了这一论治思想："凡病，若发汗，若吐，若下，若亡血、亡津液，阴阳自和者，必自愈。"

再次，"和"是治疗的具体方法和手段，其在论治方法上主要体现为"和阴阳""和荣卫""和胃气""和津液""和表里"的论治方法，在组方用药上则主要体现为功效特点相互对立之药的杂合运用，如消补之和、寒热之和、升降之和、润燥之和、敛散之和、刚柔之和、滑涩之和。

又次，"和"是制药、煎药与服药的方法。

最后，"和"是药效判断及药后调护的原则，如汗法以服用桂枝汤后"遍身漐漐（zhí zhí）微似有汗"为标志；吐法建议服用瓜蒂散后"得快吐乃止"，先以小剂，"不吐者，少少加"；下法要求服用大承气汤后"得下，余勿服"；等等。皆突出勿令太过，以"和"为度的辨治思维。

其中，仲景学说首要倡导的"阴阳自和者，必自愈"是机体自身存在的一种自趋稳态机制，是疾病向愈的内在动力。其"人体自和"观以调理气的升降出入为本，治病就是使机体在时间和空间轴上恢复动态平衡。

（二）六经"和"法：阴阳平衡

万病不离一"和"，生理状态下是"得和"，病理状态下是"失和"，故治病就是"求和"。对于六经病的辨证治疗，一方面，六经症候的产生是脏腑经络病理变化的反映，六经辨证与脏腑辨证不可分割。另一方面，六经病辨证实质乃系统化、具体化的八纲辨证；同时还应注重"辨四证"：辨主证、辨兼证、辨变证、辨夹杂证，临证唯有知常达变，才能立于不败之地。

六经皆有"和法"，如太阳病根据主要脉证的不同分为3类：卫强营弱的"太阳中风证"，卫阳郁闭、营阴郁滞的"太阳伤寒证"，卫气被遏的"太阳温病证"。三者的病机实则均为营卫不和。而桂枝汤作为治疗伤寒中风证的代表方，全方君臣有序、佐使精当，外能散风邪调营卫，内能理气血、燮阴阳、和脾胃，被誉为"和剂之祖"。

太阴病则多为脾胃升降紊乱的里虚寒证，桂枝加芍药汤、桂枝加大黄汤都是通阳益脾、和络止痛的"和方"，具有调和经络、调和脾脏阴阳气血不和之效。

三、中和思想与养生园林设计

（一）气的通和

气在古人看来不仅存在于自然界，存在于居所，也是人体生命之根本要素。人生存于内外和谐的气场之中，如果这个气场和谐不调、阴阳失衡，那么就可能对人的生存产生重大的不良影响，甚至导致生命止息。

气的升降开合是生命存在的重要条件，人体之气与自然之气通过人的肺器官相互贯通。在人体中，肺主气，司呼吸、宣发、肃降，肺为水之上源，通调水道，主一身之气，开窍于鼻，是与外界直接相通的脏器，并外合皮毛，通过汗孔调节一部分呼吸功能。

由于人体中气的重要性，把这种特征引申到养生园林中，营造良好的园林"气场"，与人的"气息"相互贯通，也是完全必要的。例如房屋的气流通透上的设计、园林用植被作为软质铺装的设计等，既给人以舒适感，又上升可通天气，下行可接地气，人在通天气、接地气的环境中生活，既舒适又健康。

环境中气场的通透和顺畅，对人体的循环起到有效的促进作用，人依赖于环境而生存，空气流通在人的居住空间中起到重要作用。

（二）四时的和谐

根据四季养生的原则，对作为人与自然的中介的住宅，在设计中应考虑园林小气候的营造和防护，使人既享受稳定的阴阳寒暑的滋养，又尽量避免恶劣的天气变化超过人体自我调节的能力，导致外邪侵袭而生病；同时还要在景观效果上根据四时变化进行调配，例如，在四季特征鲜明的北方地区，呈现不同的生命景象和色彩，营造生活情趣和旺盛的生命力。

（三）光环境的平衡

阳光普照在大地上，带给人类光和热，使植物进行光合作用，吸收二氧化碳，产生氧气，供给人类和动物呼吸生长。

传统哲学中"阳"的概念，便来自先民对太阳的崇拜，先民认识到阳光为万事万物生长提供所需能量。因此，在居住环境中，须注重日照与遮阴的平衡。

中国传统哲学认为"满则亏"，因此住宅环境应该保持阴阳平衡，既要多用自然采光保证室内外阳光充足温暖，充分利用太阳能节约能源；

又要合理利用背阴的空间，注重遮阴与通风防暑。

例如南北通透的房间，既有南面阳光充足温暖的地方，也有北面背阴凉爽的地方，居住在这样的房间，既不会因为阳气过盛而肝火旺，也不会因为过于阴冷而四肢厥逆，腠理不开。

在室外，可以合理利用落叶乔木和水体，以调节阴阳。夏季高大的落叶乔木枝繁叶茂，园内有充足的树荫，再加上水的降温作用，园内的温度相对于没有植被和水景的地方自然要低些。到了冬季，树叶落净，阳光充足，园内自然不会过于寒冷。同时，通透性良好的地面铺装，使地下的阴气上腾，与空气相结合，园内阴阳得以动态平衡，人的身体吸收自然的能量是平衡的，也有助于健康。

（四）虚实相合

虚与实是一对既抽象又具体的概念，涉及诗文、绘画、雕塑、园林等多个艺术领域。造园中涉及的虚实关系很多，沈复《浮生六记》中说："大中见小，小中见大，虚中有实，实中有虚。"

所谓虚，也可以说是空，或者说是无；所谓实，就是实在、结实或者质实。后者比较有形、具象，容易感知；前者则多少有些飘忽不定、空泛，不易为人们所感知。但这两者在造园艺术中却相生相长，缺一不可。空间环境的虚实相间给人以张弛有度、心情舒畅之感；同时，在虚处感觉通透舒畅，在实处感觉避风安定，这样阴阳虚实的平衡，可满足使用者不同的需求。

（五）动静相宜

在现代养生园林中，也应营造动静相宜的声音环境，以清新、悦耳的声音来舒缓人的情绪，达到养生的目的。

园林中常见的声音主要有鸟虫鸣叫声、流水声、风雨声等。

鸟虫鸣叫声是动物发出的声音，一方面表明园林内生态环境良好、动植物生命力旺盛；另一方面可激发人们的审美情趣，反衬出园林环境的清静，从而使人享受"鸟鸣山更幽"的意境。

流水声和风雨声是自然之声，古人以《高山流水》的琴曲来抒发"仁者乐山，智者乐水"之情；以《雨打芭蕉》中的雨滴碎蕉声，令人耳饱清韵。

清代学者张潮在《幽梦影》中说："春听鸟声，夏听蝉声，秋听虫声，冬听雪声，白昼听棋声，月下听箫声，山中听松风声，水际听欸乃（ǎi nǎi，象声词，划船时的摇橹声）声，方不虚生此耳。"这些天籁之声，能给人格外亲近自然之感。

可见，在养生园林中，屏蔽噪音，营造清新、自然的声音环境具有举足轻重的作用。

（六）劳逸结合

一个人不能长期停留在居室之中，需适当进行户外活动。传统住宅建筑与后花园相结合，就为人的户外活动——"游园"提供了条件。游园活动劳形的功效，对于"劳"者是"逸"，对于"逸"者是"劳"。

园林对于劳形的设计妙在适度，"形劳而不倦，气从以顺"，恰好符合"小劳"之说，满足人们生理上的"劳形舒体"，以达到修养身心的目的。

园林游赏是适合所有体质人群的一种运动方式。在风景优美的园林中漫步，既能舒筋活络、强健体魄，又能陶冶情操、修身养性。

因此，在园林道路的设计上，"宜曲宜长"，应"随形而弯"，应"蹑山腰，落水面，任高低曲折，自然断续蜿蜒"，并且留出充分的休息空间，避免久劳伤身。

在园林总体布局划分上，应注意动与静的合理分区，公共与私密相结合，动区供人户外活动和游赏，增加生活情趣；静区相对私密，可以静心休养、调养气息，从而达到劳逸结合、愉悦身心的目的。

从秦汉风骨到魏晋风流

汉末建安时期（196—220），文学领域涌现出了以风骨遒劲而著称的"建安文学"，以"三曹"（曹操、曹丕、曹植）、"七子"（孔融、陈琳、王粲、徐干、阮瑀、应玚、刘桢）为代表。其中，杰出的政治家、军事家、文学家、书法家曹操是建安文学的开创者和主将。

说到曹操，大家都非常熟悉，但你知道与他有关的园林故事吗？最知名的莫过于"铜雀春深锁二乔"——赤壁之战的典故。

铜雀台，位于河北省邯郸市临漳县城西南18千米处，是全国重点文物保护单位。这里古称邺城，始建于春秋齐桓公时期。

三国时期，曹操消灭袁绍兄弟后，夜宿邺城，半夜见到金光由地而起，第二天从地下挖掘出一只铜雀。军师荀攸进言说，上古时代舜的母亲梦见玉雀飞入怀中，就生下了舜；如今我们得到铜雀，也必定是吉祥的预兆。曹操很高兴，于是决定在漳水之上建造铜雀台，以彰显自己平定四海之功。

铜雀台初建于建安十五年（210），后赵、东魏、北齐都有扩建。它是一座以邺城城墙为基础而建的大型台式建筑。当时一共建了3座台，前面是金凤台，中间是铜雀台，后面是冰井台。

铜雀台最高时达10丈，台上又建了5层楼，离地共27丈。在楼顶又安置了高1.5丈的铜雀，双翅展开，跃跃欲飞，神态逼真。在台下引来漳河水，经暗道穿过铜雀台流入玄武池，用来操练水军。

铜雀台建成之日，曹操在台上大宴群臣，慷慨陈述自己匡复天下的决心，又命武将比武、文官作文，以助酒兴。一时间，曹操父子与文武百官觥筹交错，对酒高歌，大殿上鼓乐喧天，歌舞升平，盛况空前。

中国古典名著《三国演义》中描写了一个妇孺皆知的故事——"赤壁之战"，唐代诗人杜牧《赤壁》一诗中的名句"东风不与周郎便，铜雀春深锁二乔"说的便是这个故事。

据说，曹操有一个心愿，就是把江东的两位绝色美女——大乔、小乔抢来，安置在铜雀台。众所周知，二乔，即大乔、小乔，分别是东吴君主孙策、东吴名将周瑜的妻子。

当时，曹操大军压境，诸葛亮为了促使孙、刘联合起来抗击曹操，特用激将法来激怒周瑜。他篡改了曹植的《铜雀台赋》，将"连二桥于东西兮，若长空之蝀蝀（dì dōng，指彩虹）"改成了"揽二乔于东南兮，乐朝夕之与共"。

背诵完修改版的《铜雀台赋》后，诸葛亮对周瑜说，只要献出夫人小乔，就可保全自身。周瑜马上被激怒了，离开座位指向曹操所在的北方破口大骂："老贼欺吾太甚！"并当即表示愿意与诸葛亮联合一致，共同对抗曹操大军。于是，诸葛亮的激将法奏效了。

后来的故事大家都耳熟能详，孙刘联军巧妙地利用风力，烧了曹营战船，打退了曹军，取得了赤壁之战的胜利，也避免了江东二乔被曹操掳走的悲剧。

赤壁之战是三国时期以少胜多、以弱胜强的著名战例。赤壁之战的失利，使曹操失去了在短时间内统一全国的可能，而孙刘双方则借此胜仗开始发展壮大各自势力。

赤壁之战之前，全国的割据势力已经所剩不多，实力不强的大多已被消灭。赤壁之战之后，曹魏损失过大，一时无力南顾，给南方孙刘的发展创造了绝佳的机会。刘备巩固了自己在荆州的势力，又利用这一段南北相对平静的时期攻占了长沙、零陵等四郡，实力大为增强，这为以后攻占益州（今四川省一带）奠定了基础。北方对东吴的压力减轻，东吴的疆域也稳定下来。曹操在退回北方后，休养生息了2年，平定关中后才大举南征孙权。

因此，赤壁之战之后，天下三分的雏形形成，揭开了三国鼎立的序幕，并为魏晋南北朝时期的政治变革和文化发展奠定了基础。

关于曹氏父子、建安七子，乃至魏晋南北朝时期更多的园林知识与趣闻轶事，敬请关注本丛书下一册《挺有意思的魏晋南北朝园林》。